润心 黄亚洲 题

周生祥　著

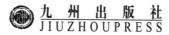

九 州 出 版 社
JIUZHOUPRESS

图书在版编目（CIP）数据

润心 / 周生祥著. -- 北京 ：九州出版社，2023.7
ISBN 978-7-5225-1896-1

Ⅰ．①润… Ⅱ．①周… Ⅲ．①植物－普及读物 Ⅳ.
①Q94-49

中国国家版本馆 CIP 数据核字(2023)第 102026 号

润 心

作　者	周生祥 著
责任编辑	陈春玲
出版发行	九州出版社
地　址	北京市西城区阜外大街甲 35 号(100037)
发行电话	(010)68992190/3/5/6
网　址	www.jiuzhoupress.com
印　刷	成都荆竹园印刷厂
开　本	700 毫米×1000 毫米　　16 开
印　张	12
字　数	193 千字
版　次	2023 年 7 月第 1 版
印　次	2023 年 7 月第 1 次印刷
书　号	ISBN 978-7-5225-1896-1
定　价	68.00 元

目　录

《不同的风景相互注视》分享会

　　七月下旬，天气酷热，润园植物都喜欢来润泽馆避暑，馆里热闹非凡。这一天，植物们又在馆里高谈阔论，唯有沙朴躲在一个角落静静看书。广玉兰知道沙朴是个爱热闹的植物，沙朴今天的反常引起了他的注意。广玉兰走过去，一把将沙朴拉过来，非要沙朴说出原因不可。

　　沙朴扬起手中的书，说："也没有别的什么，就是我淘到了一本书，写得太好了，我正看得津津有味呢！"

　　"是什么'葵花宝典'让你如此痴迷？"黄山栾树问。

　　"不是葵花宝典，是一本诗集。"沙朴据实相告。

　　"现在市面上诗集也太多了，这本有什么特别的吗？"水杉颇为好奇。

　　"这本书将很多植物用诗句惟妙惟肖地表达出来，光这一点，就给我留下了深刻印象。"沙朴满含钦佩之色。

　　"有这么神奇吗？读几句出来听听。"连见多识广的银杏也被吸引过来了。

　　沙朴翻开书本，正要朗诵，被荷花叫停。荷花先问："你把书名告诉我，好的话我也去网上买一本。"

　　沙朴将书合上，将封面对着大家转了一圈，报出书名《不同的风景相互注视》。

　　"作者是谁？你介绍一下。"荷花继续提要求。

　　沙朴说："这本诗集的作者赵国瑛是浙江省作协会员，作品散见于《江南诗》《星河》《扬子江诗刊》《延河》《浙江作家》《文学港》《西湖》《品

润心

位·浙江诗人》《浙江日报》等。诗作入选《浙江诗人十年精选（2008—2017）》。已出版诗集《随心集》和《在低处徘徊》。"

"写了些什么内容？"荷花问个不停。

沙朴耐心回答："诗集分为六辑，第一辑，春天与诗；第二辑，致敬山水；第三辑，风雨兼程；第四辑，白驹过隙；第五辑，故土乡情；第六辑，天地轮回。收录了作者近几年创作的194首诗。正如作者在后记里所写：'又三年，诗与我的生活更加紧密。远方更远，梦想的天空掏不出更多白云。我用笔挑开几声雁鸣，将一些发亮的词语拿起又放下。这个忙碌的过程曾在纸上奔跑，现在显得异常安静。我动用了一次权力，让他们领走各自的编码，住进时光的缝隙里。'"说到这里，沙朴由衷钦佩道："你们看，连后记里的每一句都富有诗意。"

荷花还要再问，被杜英拉住了。杜英说："别问这些了，我感兴趣的是作者用诗体来描写植物的意境如何。"

"你们谁站出来？我读给你们听，让大家来评判。"沙朴信心十足。

"我先来！看作者怎么写我。"白玉兰跳了出来。

沙朴找出书中《白玉兰》这首诗，深情吟诵道：

一株白玉兰，不高不矮／不胖不瘦，风姿绰约／路边、田野、山岗、庭院／常常不期而遇

一株白玉兰足以让人惊艳／即使很远，我也知道／春天站在那里／向我微笑——

还没读完，全场爆发出热烈的掌声，白玉兰笑得花枝招展，说这诗确实写得好，言简意赅，富有情趣。

"诗词就是这样，是浓缩的精华。"沙朴提醒。

掌声过后，油菜花摇曳着身子走上台来，说："那又是如何写我的？"

沙朴说："作者在《一段婚事》诗里是这样写的。"

油菜的婚期定在四月／金色的快乐铺满田野／阳光和雨水送来／最美的祝福，那么多人／从四面八方赶来看你／辉煌的嫁衣

润心

读到这里，大家拍手叫好。油菜花羞得满脸通红，全身洋溢着欢乐与幸福。

水杉说："写花容易写树难，有写我的吗？"

"有！"沙朴翻到《水杉辞》，只见诗里写道：

独立或成林 / 出鞘的剑指向天空

树叶尖细而锋利 / 风雨靠近会落下病痛

春日里绿成一座小山 / 站在一排便是绿色长城

寒风中抖落一身羽毛 / 你向天空交了白卷

你的花呢？你的果呢？ / 你们在一起从不谈论

抬头，我看见一把老骨头 / 呵护一窝小鸟

来年，还是这一家叽叽喳喳 / 将春天系在你的身上

沙朴问水杉："你自己说，诗里的家伙是不是你？"

"是我！是我！"水杉口服心服。大家都笑了起来。

银杏在润园德高望重，他也好奇，但自己不好意思走上来。银杏的心思被沙朴猜到了，沙朴就自告奋勇地吟唱了《向一棵银杏致敬》这首诗：

一树金币让冬天高贵 / 在雨中施舍财富

绿的草绿的树都不曾动心 / 你却在风中怀孕了

看！一片一片回归大地 / 悄悄盖住泥上的尖叫

于是，我将颂歌建成一座废墟 / 收留飘落的赞美与离愁

银杏正要致谢，被活泼可爱的青菱打断了。青菱欢快地叫着："我也要听！我也要听！"

沙朴笑着说："你别急，少不了你。"说着请青菱看《南湖菱》诗篇：

一生水里安家 / 只穿青衣 / 除非腐烂化作泥土 / 形若元宝，肤似翠玉 / 犹如丰腴妇人 / 内心洁白 / 甘甜清香

一只木桶承载了 / 菱的全部，女人的重量 / 男人只将水来耕作 / 唯有此荡产菱无角 / 五十里外 / 不复传奇

看完了，青菱高兴得活蹦乱跳，欢叫着跑开了。

"青菱是水生植物，我也生在水里，看看我和青菱有什么不同。"荷花沉

静了一会儿，现在又冒出来了。

"写荷花的名诗名作实在太多了，但本书这首《泥塘里的荷花》写得别具一格。"沙朴摇头晃脑地念起来：

脚下没有水你也站在 / 六月的肩头勇敢地绽放 / 把自己打开，让阳光进来 / 清风进来，细雨进来 / 抚摸你的青春

秋天在远方等着 / 现在，你站在高处 / 对着天空放歌 / 每一次花开都奏响 / 大地动人的乐章

念到这里，沙朴停下来问："是不是感觉不一样？"

"确实不一样，别开生面。"荷花竖起大拇指。

合欢小心翼翼地过来，轻声轻气地问："书中提到合欢了吗？"

"当然有，请听《窗前》这首诗。"沙朴纵情唱道。

推开窗去 / 够得着合欢树枝 / 一串串细叶 / 一簇簇花蕊

此刻，一个叫细雨的江南女子 / 在我的掌心演奏丝竹 / 看呀！那么多绿叶 / 泪流满面

而我只有歌声 / 被火红的咽喉囚禁着

合欢听到这里，激动得热泪盈眶，忍不住"哇"的一声哭了起来。

"这是怎么了？"沙朴急得手足无措。

"合欢触景生情，诗意勾起了她的伤心事。"桂花告诉大家。

"这里面有什么故事？"有植物问。

桂花说："合欢花以前叫苦情花，也并不开花。苦情开花变合欢，要从一位秀才说起。秀才寒窗苦读十年，准备进京去考功名。临行时，妻子指着窗前的苦情树对他说：'夫君此去，必能高中，只是京城乱花迷眼，切莫忘了回家的路！'秀才应诺而去，却从此杳无音信。妻子在家盼了又盼，等了又等，青丝变白发，也没有等回夫君的身影。在生命将到最后时，妻子拖着病体，发下重誓：'如果夫君变心，从今往后，让这苦情开花，夫为叶，我为花，花不老，叶不落，一生同心，世世合欢！'说罢，气绝身亡。第二年，所有的苦情树果真都开了花，粉柔柔的，像一把把小小的扇子挂满了枝头，还带着一股淡淡的

香气，只是花期很短，只有一天。而且，从那时开始，所有的叶子也随着花开花谢来晨展暮合。人们为了纪念她的痴情，就把苦情树改名为合欢树了。"

等到桂花将合欢树的故事讲完，周围的植物一阵感叹。龙爪槐提醒沙朴，要他选首威猛一点的诗，给大家鼓鼓劲。沙朴反应过来，马上说："这首写你的《龙爪槐》就很合适。"诗中写道：

你像一首诗站在那里，有美丽的弧度，可以弯曲的善良，瀑布般奔腾的坚韧……

你是植物界的健美冠军，将力量当作外衣，用肌肉展示个性。

植物们连声称好，龙爪槐弯曲的枝条发出琅琅的欢笑声，现场气氛达到高潮。

润心

植物家训

　　近段时间，润园植物出现了一些不和谐的声音，先是有植物不安心本职工作，嚷嚷着要出去游山玩水，后来又发生青菜和萝卜打架斗殴的事。香樟很生气，就把银杏、枫香找来询问原因。枫香认为可能是天气酷热引起的，因为气温太高容易使植物头昏脑涨丧失理智铸成大错。银杏认为天气冷热只是客观原因，还是要从主观上找原因。

　　香樟同意银杏的观点，他说："我们润园植物是一家，大家应该情同手足。但国有国法，家有家规，过去我们对这方面重视不够，必须马上行动起来，补上这个短板。"

　　"那具体要做些什么呢？"枫香拍着脑袋，不知所措。

　　"中国人的优秀传统文化，其中有一条，就是建立了一套严格的家训家规，值得我们好好学习。"银杏建议。

　　"银杏说得对，那就马上行动起来，地点在润泽馆，由老槐树主持，安排几期讲座，分享人们的家训知识。你们俩去布置起来。"香樟当机立断作出决定。

　　第二天下午，老槐树端坐在润泽馆会议室主位，见植物们到得差不多了，就宣布润园植物家训分享会开始。还没开讲，枫杨就提问："家训？什么是家训？"

　　老槐树解释道："家训是指家庭对子孙立身处世、持家治业的教诲。家训是家庭的重要组成部分，对个人的教养、原则都有着重要的约束作用。家训在

润心

中国形成已久，是中国传统文化的一部分，对个人、家庭乃至整个社会都有良好的作用。家训或单独刊印，或附于宗谱。家训之外，其他名称还有家诫、家诲、家约、遗命、家规、家教。"

"这个是适用于人类的，我们植物管它干什么？"枫杨质疑。

"我们植物的家训还没有成文，我们以人类为例，借鉴他们的经验，有什么不好？"老槐树也不生气，不紧不慢地说。

"能举几个例子吗？"有植物建议。

"好！"老槐树随口说："比如'尊师以重道，爱众而亲仁''静以养身，俭以养德''少壮不努力，老大徒伤悲'等，都是有名的家训。"

"愿闻其详。"沙朴大声说道，挥手示意大家静下来。

老槐树说："中国历史上流传下来的家训，有许多精华。这里面可分为家庭、仁爱、清廉、诚信、俭朴、立志、惜时、勤勉、修养等几个方面。家庭方面，'养不教，父之过。''富若不教子，钱谷必消亡；贵若不教子，衣冠受不长。''居身务期质朴，教子要有义方。''儿小任情骄惯，大来负了亲心。''要知亲恩，看你儿郎。要求子顺，先孝爷娘。'等，都流传甚广。"

"能否举实例说明？"广玉兰插问。

"当然可以。"老槐树举了曾国藩的例子。曾国藩教育子女不谋做官发财，只求读书明理。他再三叮嘱子孙：我不愿儿孙为将领，也不愿儿孙为大官，只希望成为饱读诗书、明白道理的君子。能做到勤劳节俭，自我约束，吃苦耐劳，能屈能伸的，就是有德有才的人。因此，自曾国藩兄弟之后，曾家再没出领兵打仗的将领。他们绝大多数留学英、美等国的名牌大学，学贯中西，成就卓著，成为教育界、科技界、艺术界的名家大师，饮誉五洲四海。

"讲仁爱的家训有哪些？"杜英提问。

"像'千经万典，孝义为先。''尊师以重道，爱众而亲仁。''孤寡极可念者，须勉力周恤。''责己之心责人，爱己之心爱人。'等，都是有关仁爱的家训。"老槐树回答。

润心

"讲清廉的呢？"荷花出淤泥而不染，最注重清廉。

"'气骨清如秋水，纵家徒四壁，终傲王公。''立身无愧，何愁鼠辈。''莫贪意外之财，莫饮过量之酒。''见富贵而生谄容者，最可耻。遇贫穷而作骄态者，贱莫甚。''钱财如粪土，仁义值千金。'这些都是讲清廉的。"说到这里，老槐树又举例说："东汉时，一位叫刘宠的人任会稽太守，他改革弊政，废除苛捐杂税，为官十分清廉。后来他被朝廷调任为大匠之职，临走，当地百姓主动凑钱来送给即将离开的刘宠，刘宠不受。后来实在盛情难却，就从中拿了一枚铜钱象征性地收下。他因此而被称为'一钱太守'。"

植物们钦佩"一钱太守"的清廉品德，纷纷竖起大拇指点赞。

老槐树继续说："关于诚信的有'许人一物，千金不移。''一言既出，驷马难追。''心口如一，童叟无欺。''人而无信，百事皆虚。'等。"又以北宋词人晏殊的诚信为例，介绍说："晏殊十四岁时，有人把他作为神童举荐给皇帝。皇帝召见了他，并要他与一千多名进士同时参加考试。结果晏殊发现考试题是自己十天前刚练习过的，就如实向皇帝报告，并请求改换其他题目。皇帝非常赞赏晏殊的诚实品质，便赐给他'同进士出身'。"

关于俭朴方面的，老槐树说了"一粥一饭，当思来之不易；半丝半缕，恒念物力维艰。""自奉必须俭约，宴客切勿流连。""器具质而洁，瓦缶胜金玉。饮食约而精，园蔬愈珍馐。""志从肥甘丧，心以淡泊明。""常将有日思无日，莫待无时想有时。""由俭入奢易，由奢入俭难。"这几条。并以宋代文学家范仲淹为例说明。范仲淹小时候生活十分清贫，父亲很早就过世，母亲因受不了生活的压力而改嫁，范仲淹只好到庙里去学习。他每天用一点点糙米煮粥，隔夜粥凝固后便划成四块，早晚就着腌菜各吃两块，苦读成才，这成就了范仲淹"先天下之忧而忧，后天下之乐而乐"的高尚情操。

见植物们静静地听着，老槐树说："关于立志方面的家训，我就提'不要空言无事事，不要近视无远谋。''应知重理想，更为世界谋。'这两条。下面重点讲惜时：'一年之计在于春，一日之计在于晨。''莫道君行早，更有

润心

早行人。'‘一头白发催将去，万两黄金买不回。'‘枯木逢春犹再发，人无两度再少年。'‘光阴似箭，日月如梭。'这些想必你们都很熟悉。"

"是的，这个我能举个例子吗？"沙朴举手发言，见老槐树点头同意了，沙朴接着说："巴尔扎克在二十年的写作生涯中，写出了九十多部作品，塑造了两千多个不同类型的人物形象，他的许多作品成了世界名著。他的创作时间表是：从半夜到中午工作，就是说，在圆椅里坐十二个小时，努力修改和创作，然后从中午到四点校对校样，五点钟用餐，五点半才上床，而到半夜又起床工作。"

"沙朴好样的，举例举到国外去了。"得到老槐树表扬，沙朴乐不可支。

接着，老槐树讲勤勉，提到"黎明即起，洒扫庭除。""颓惰自甘，家道难成。""江中后浪推前浪，世上新人赶旧人。""宜未雨而绸缪，勿临渴而掘井。""良田百亩，不如薄技随身。"等家训。并以王献之依缸习字为例，王献之是"书圣"王羲之的儿子，受到父亲的影响，他从小就坚持天天写字。为了激励王献之持之以恒，王羲之指着放在院中的十八口大水缸，说："你把这十八口大缸里的水写完，你的字也就练得差不多了。"王献之遵从父亲的嘱咐，坚持不懈地勤学苦练，写干了十八缸水，终于攀登上了书法艺术的高峰。

听到这里，植物们啧啧称奇，惊叹不已。沙朴说："我还知道有句话，叫‘只要功夫深，铁棒磨成针’，不知能不能算勤勉的家训？"

老槐树回答："可以算的。"见植物们没有提问，老槐树接着说："最后来说说修养，‘乖僻自是，悔误必多。'‘施恩无念，受恩莫忘。'‘凡事当留余地，得意不宜再往。'‘人有喜庆，不可生妒忌心；人有祸患，不可生欣幸心。'‘善欲人知，不是真善，恶恐人知，便是大恶。'‘以直报怨，以义解仇。'‘平生不做皱眉事，世上应无切齿人。'‘静坐常思己过，闲谈莫论人非。'这些都是关于修养的家训。"

这时，枫杨举手要求发言。老槐树示意他站起来说。枫杨说："前几天，我和沙朴拌嘴，被沙朴骂了几句，我吃亏了，一直想着要骂回来。听了刚才‘以直报怨，以义解仇'的修养家训，我想通了，不怨沙朴了。"

　　青菜和萝卜红着脸，不约而同地站起来，承认自己打架斗殴的错误，怪自己太没有修养了。一阵掌声过后，老槐树先是表扬了枫杨、青菜、萝卜，接着见好就收，宣布关于家训的第一次分享会结束。植物们全体起立，目送老槐树走出门后，大家才秩序井然地离开润泽馆。

润心

立秋寄怀

　　立秋时节到了，润园植物沙朴写了首《立秋寄怀》的诗，发在小区植物交流群里，全文如下：

　　　　　　　　立秋日，迎三候，

　　　　　　　　一候时，凉风至，

　　　　　　　　二候到，白露降，

　　　　　　　　三候末，寒蝉鸣。

　　　　　　　　夏渐逝，秋徐来，

　　　　　　　　秋老虎，蹦三蹦，

　　　　　　　　春朝日，秋夕月，

　　　　　　　　迎秋礼，祭祖宗。

　　　　　　　　立秋到，蟋蟀叫，

　　　　　　　　瓜果熟，枫叶红，

　　　　　　　　啃西瓜，吃芋头，

　　　　　　　　蒸茄脯，煎香糯，

　　　　　　　　荡秋千，贴秋膘，

　　　　　　　　鱼虾跳，五谷丰，

　　　　　　　　夏成长，秋收获，

衣食足，身心舒。

立秋凉，籽儿黄，
处暑雨，粒粒米，
白露枣，两头红，
秋分到，蛋儿俏，
寒露豆，菊花茶，
霜降柿，栗藕菱，
秋风爽，桂花香，
赏秋月，盼团圆。

润心

植物赛诗

进入八月，天气酷热，这是个少花的季节，但润园植物里的紫薇花却迎着夏风顶着烈日开得绚丽多彩。红的、白的、黄的、紫的，五颜六色，凭着蓬勃的生命力极致怒放，引得植物们交口称赞。

这天早上，当紫薇来到小区公园聚会时，发现有几个新面孔，就问其中一个："你是谁啊？怎么我不认识呢？"

"单叶聚生星形果，八角香味八角科。"对方拱手行礼。

"噢，原来是八角科的八角兄，幸会，幸会。"紫薇转身问第二个："请问这位又是谁呢？"

"单体雄蕊药一室，两重花萼锦葵科。"锦葵弯腰致意。

"啊呀呀！锦葵兄，久闻大名，今日得见，失礼了。"紫薇和锦葵握手后，又问边上的第三位："那这位兄弟的尊姓大名是？"

"木本复互脂核果，橄榄气味橄榄科。"橄榄连忙自报家门。

"都是稀客，今天是什么好日子？来了这么多新植，蓬荜生辉啊。"紫薇哈哈笑着，花朵越发灿烂。

"今天这是怎么了，都诗情画意了。"杜英有样学样，也来二句："红叶迟落药孔裂，瓣顶撕裂杜英科。"

"来而不往非礼也，那我是'木本复互蒴浆核，花丝合生是楝科'。"苦楝走过来自我介绍。

"这个好，用一两句诗就把自己的特征反映出来了，但我觉得，要让大家

润心

真正全面地认识自己，凭一两句诗是不够的，要说就说完整。"睡莲发表自己的观点。

"你开个头，展示一下如何用诗句完整介绍自己。"紫薇拉住睡莲不放。

睡莲抖了抖身体，将身上的水珠甩落一些，轻声轻气地说："我抛砖引玉，将睡莲科的形色总结为：'水生草本出淤泥，茎叶出水或漂浮。多有肥厚地下茎，单叶互生具长柄。叶片盾形或心形，单生长梗花两性。辐射对称三基数，花被鲜艳香非常。雄蕊多数围子房，果实生于花托上。'"

"哇，说得太好了。"植物们掌声雷动。

"还有谁也能这样介绍？"紫薇大声喊叫。

"这有何难？听我介绍桑科。"桑树张口就来："植物通常含乳汁，托叶早落花小型。单性同株或异株，花序密集总类多。葇荑头状圆锥状，隐头花序无花果。果实发育连花序，桑葚复果最常见。"

大家纷纷点赞，胡桃不甘示弱，说起胡桃科："落叶木本叶互生，羽状复叶无托叶。雌雄同株花不同，雄花下垂葇荑状。雌花单一或数朵，组成花序种类多。坚果具翅或包被，皆由苞片发育来。"

这时，银杏正好路过，被沙朴拉住了，一定要他介绍一下自己。银杏说："我银杏还有谁不认识的，又何必多说呢？"

"要用一首诗把自己的形色特征呈现出来。"沙朴提醒。

银杏是小区植物的大咖，大家为银杏捏一把汗，但这难不倒银杏，他略一思考，脱口而出，说："银杏科的特征是：单属单种古孑遗，落叶乔木茎直立。枝分长短叶扇形，长枝互生短簇生。叶脉平行端二歧，雌雄异株分公母。雄花具梗葇荑状，雌花长梗端二叉。"

植物们齐声叫好，只有杉树朗声大笑。紫薇问杉树因何发笑？杉树说："这种把戏，在我眼里，都属于小儿科。"

"你别吹牛，你说说杉科。"沙朴追问。

"乔木常有树脂生，皮富纤维长条脱。螺旋生叶似对生，雌雄同株花单性。雄花顶生或腋生，螺旋交叉花药多。雌花仅在枝顶长，苞鳞珠鳞紧密合。单年

润心

球果熟时裂，拥有子遗好木材。"杉树不假思索出口成章。介绍完自己，杉木头一昂，霸气十足道："像这样自己介绍自己不算本领，要能介绍别的植物才算本领。"

"什么？"沙朴以为自己听错了，满脸惊讶："我连自己都介绍不了，你还能介绍别的？"

"知己知彼，百战百胜。"杉树信心十足。

沙朴随手指了指旁边的苏铁，说："你介绍下苏铁科。"

"常绿木本棕榈状，树干直立不分枝。叶片螺旋生干顶，羽状深裂柄宿存。雌雄异株花单性，大小孢子叶不同。种子无被核果状，种皮三层多胚乳。"杉树如数家珍。

沙朴大惊，说："太厉害了，你不会是蒙的吧？再来一个。"用手指着对面池边的柳树，要杉木介绍杨柳科。

"落叶木本树皮苦，单叶互生花单性。雌雄异株荑荑状，苞片膜质无花被。雄花雄蕊两至多，雌花两皮合一室。早春飞絮状如雪，种子基部生长毛。"杉木侃侃而谈。

"佩服，佩服。"沙朴心服口服，现场响起热烈掌声。杉木一炮而红，后来被小区誉为"诗王"。

润心

植物脑筋急转弯

今年的天气格外热，这段时间 40℃的高温是常态，不要说人，连植物都受不了。润园植物早晨来公园聚会时，很多植物都耷拉着头，无精打采的，抱怨声不绝于耳。

老槐树想这样不行，该打打气，就冲着大家高声说："植物们，抬起头来，我们花草树木要在阳光下灿烂，在风雨中奔跑，做自己的梦，走自己的路，活在当下！我们的一生无法做到完美，倒不如乐观地面对一切的未知。请相信，积极的态度终会带来理想的结果。"

没想到这一招不管用，老槐树说得口干舌燥，植物们只当是耳边风，更有植物轻声嘀咕道："像这种心灵鸡汤我们喝得够多了，现在大热天的，虚不受补，可不敢再喝。"一句话，把大家逗笑了。老槐树无奈地摇了摇头。

沙朴正冥思苦想时，发现有一居民拎着一只西瓜匆匆走过，灵机一动，突然一拍大腿，大声问："你们说，什么食品东、南、西、北都出产？"

植物们被沙朴冷不丁的动作吓一跳，丈二和尚摸不着头脑，都摇着头。沙朴哈哈笑着说："看来你们都是榆木脑袋，连这个都反应不过来。"说着报出答案是"瓜"。

"这怎么解释？"广玉兰发问。

"冬瓜、南瓜、西瓜、北瓜，是不是东、南、西、北都有瓜。"沙朴自鸣得意。

"你喜欢吃瓜也就罢了，怎么说我是榆木脑袋？"榆树生气了，和沙朴吵

润心

了起来。

雪松过来劝解，说："我们都知道，你榆树是一种用途广泛的木材，可用于制作家具、器械等。因你质地坚韧，难解难伐的特性，所以称作榆木脑袋。这本来是褒义词，后来被人们用歪了，你不要放在心上。"

"那还差不多。"榆树转怒为喜。

回过头来，雪松问沙朴："茄子的另外一个名字叫什么？"

沙朴脱口而出："蔬菜！"

雪松看到旁边站着毛竹，又问一题："哪一种竹子不长在土里？"

沙朴说出答案："爆竹。"

植物们这下反应过来了，紫薇抢先说："这不是电视里经常看到的脑筋急转弯吗？"

"是啊，我们今天就来玩玩脑筋急转弯。"沙朴接着解释说："脑筋急转弯是一种人为创作的以问答形式出现的极具娱乐性的语言游戏。因为多用脑不仅能让我们心情愉悦，还能预防老年痴呆！"

"这个好，那我们就来玩玩。"植物们纷纷叫好。

"我来出一题。"雪松说："9个橙子要分给13个小朋友，怎么分才公平？"

"榨成汁！"杜英反应快，马上报出答案。

番薯出的题目是："全世界最大的番薯长在哪里？"

答案是：土里。萝卜答对了。

接着，黄山栾树出题："一株树在太阳底下走路却看不见自己的影子，为什么？"

无患子回答："因为他撑了一把伞。"

"这把伞也够大的。"狗尾草喷着嘴巴，大家都笑了。

"说到伞，那和尚打着一把伞，是一个什么成语？"桂花乘机问一句。

"那叫无法无天（无发无天）。"垂柳甩了甩长发，叹了口气。

"闭着眼睛也看得见的是什么？"含笑也出了一题。

"这个我知道。"狗尾草探头探脑，举手发言。

润心

"你能知道正确答案？你做梦吧。"广玉兰瞧不起狗尾草。

"没错，答案就是一个'梦'字。"狗尾草也不生气，嘻嘻笑着，把大家都逗乐了。"

"历史上哪个人跑得最快？"不知谁在问。

"曹操。"狗尾草抢答。

"此话怎讲？"广玉兰追问。

"因为说到曹操，曹操就到，说明要多快就有多快。"狗尾草理直气壮，广玉兰无话可说。

下一问是："有一个字，人人见了都会念错。这是什么字？"

答案：这是"错"字。

接着又一问："太阳和月亮在一起是哪一天？"

答案：明天。

荷花从公园旁的水池里挺直腰杆，神秘兮兮地问："什么官不仅不领工资，还要自掏腰包?"

植物们都知道荷花出淤泥而不染，最讲廉洁。但不领工资自掏腰包的官想来想去一时还真想不出来。

"是不是'新郎官'？"沙朴试探着问。

"是的，没毛病。"荷花作出肯定答复后，沙朴乐得活蹦乱跳。

荷花说："刚才提到毛病，那什么书中毛病最多？"

"医学书！"沙朴又答对了。

"什么布剪不断？"

答案：瀑布。

"什么路最窄？"

答案：冤家路窄。

"什么样的水不能喝？"

答案：薪水。

"楚楚的生日在三月三十日，请问是哪年的三月三十日？"

润
心

答案：每年的。

荷花和沙朴一问一答，把大家的情绪完全调动起来了，现场气氛十分活跃。只有老槐树似有失落，但看到植物们热情高涨，他自言自语道："我老了，老一套不吃香了，看来不与时俱进是不行了。"这样想着，也融入到脑筋急转弯游戏中去了。

公园里传出了植物们的阵阵欢笑声。

棉花洗冤

阳春三月，春光明媚，小区里百花争艳，美不胜收。杏花、桃花、樱花、玉兰花……数不尽的芬芳让人迷醉。

三月下旬的一天上午，香樟、银杏、枫香等植物正在小区植物界业委会办公室忙于工作，沙朴带着一群植物闯了进来。看到沙朴气呼呼的样子，香樟连忙问："沙朴，你们此时不在公园里聚会聊天，跑到这里来干什么？"

"我们是来为棉花洗冤的。"沙朴直奔主题。

"为棉花洗冤？棉花有什么冤屈需要洗的？"枫香表示不理解。

"别急，你坐下来慢慢说，到底发生了什么事？"香樟拉过一把椅子，请沙朴坐下来说。

沙朴手一推，大声说："难道你们不知道，这几天我们植物界的棉花妹妹受到了多大的委屈？"

听到这里，银杏已经心知肚明了，但他故意当作什么也不知道，问："不至于吧，棉花能有什么委屈？"

沙朴拿出一张报纸，大声念道："前几天，瑞典服装品牌H&M发表声明，称根据民间社会组织的报告和媒体的报道，认为新疆维吾尔自治区存在强迫劳动和宗教歧视。表示今后不再与位于新疆的任何服装制造工厂合作，也不从该地区采购产品和原材料。"念到这里，沙朴补充说："说白了，就是他们今后不再使用新疆产的棉花了。"

站在沙朴身后的广玉兰，怒气冲冲地说："还有耐克、阿迪等品牌，也宣

润心

布了同样的决定，真是岂有此理！"

"你们来是为这事啊，这没有什么可怕的，不知道这 H & M 是怎么想的？据我所知，中国每年棉花产量缺口约为 185 万吨，需进口 200 万吨棉花，中国的棉花自己都不够用。哪在乎 H & M 用不用？H & M 等组织大张旗鼓地抵制新疆棉花，未免也太自不量力了。"枫香轻松地说。

"这个 H & M 是个什么货色？"有植物问。

"西方有个民间社会组织，叫 BCI，中文名为'更好的棉花倡议'。BCI 的前身是世界野生动物基金会，美国开发署和瑞士基金是它的金主。作为棉花产业的非政府组织，BCI 没有技术与产能，却通过吸收会员和发放证书大肆敛财。有专业人士一针见血地指出，它不过是此前特朗普棉花禁令的'工具人'。"沙朴解读起来。

广玉兰接着说："这哪里是什么人权问题？这不过是贸易战的一部分。从 2000 年开始，中国就成为世界第一棉花生产国。去年，当特朗普宣布对新疆的棉花实施禁令时，BCI 就站出来跟风，参与其中。作为 BCI 组织中的成员，H & M 迅速发表了诋毁新疆棉花的声明。然而，用冠冕堂皇的理由行卑鄙之事，一边抵制新疆产品，一边又想赚中国人的钱。H & M 这一波碰瓷与造谣，是不是很不要脸，太痴心妄想？"

"他们是怎么样说新疆棉花坏话的？"又有植物问。

"新疆棉花货真价实，他们哪里挑得出毛病？从棉花身上 找不到毛病，他们就从人的身上找，说在新疆采摘棉花的棉农存在'强迫劳动'的现象，他们要维护人权，所以拒绝使用新疆棉花。"沙朴摇头叹息。

"真是滑天下之大稽，现在在中国还有'强迫劳动'一说？闻所未闻。"枫香大惑不解。

"欲加之罪何患无词，这是西方惯用的伎俩。在伊拉克，美国人将洗衣粉认定为生化武器，在叙利亚、在委内瑞拉，他们都会指鹿为马，无中生有。但这一套，用到中国人头上，就起不到作用了。"银杏对中国很有信心。

"且慢，你们说来说去，虽然说到了棉花，但我觉得这是他们人与人之间的事，和我们植物没什么大关系。"不知哪个植物嘀咕了一句。

"怎么能这样说？"沙朴生气了，大声说："此事因我们植物棉花而起，现在中国人民怒了，既然你这么不喜欢中国，既然你丑态百出，那么你就别赚中国人的钱。你看上中国巨大的市场，却不尊重中国人最朴素的情感。这样的洋垃圾，请你滚出中国。人民在抗争，我们植物不能置身事外，我们要表明我们植物的立场和观点，旗帜鲜明地反对一切抹黑之词，还新疆棉花以清白。"沙朴一招手，身后的桂花、荷花、兰花、茶花等植物呼啦啦打开了手上的横幅。

只见桂花打开的横幅上写着："新疆棉花，我们爱你！"落款是"小区桂花协会"。

荷花打开的横幅上写着："新疆棉花，挺住，荷花协会是你们的坚强后盾！"

兰花打开的横幅上写着："新疆棉花，我们兰花和你们心连着心！"。

后面还有茶花、杜鹃花、水仙花、月季花等声援团。沙朴指着这些大红横幅说："你们看，这就是我们植物界的心声。"现场掌声雷动。

香樟挥挥手，让大家静下来，说："小区里十大名花都来声援了，但今天的主角是棉花，怎么不见棉花的身影呢？"

沙朴招招手，把跟在后面的棉花叫到前面来，说："小区里的棉花植物很低调，平时不声不响的，这次受到这么大的委屈，我们要为他们申张正义。"

棉花眼中含着泪水，连连向大家鞠躬致谢。

香樟把棉花拉过来，慈爱地上下打量了一番，说："棉花小妹，可能有些植物对你还不是很熟悉，你先自我介绍一下。"

棉花感激地望着大家，说："我是棉花，是锦葵科棉属植物，原产于亚热带。植株灌木状，在热带地区栽培可长到 6 米高，一般为 1 到 2 米。我的花朵乳白色，开花后不久转成深红色然后凋谢，留下绿色小型的蒴果，称为棉铃。棉铃内有棉籽，棉籽上的茸毛从棉籽表皮长出，塞满棉铃内部，棉铃成熟时裂开，露出柔软的纤维。纤维白色或白中带黄，长约 2 至 4 厘米，含纤维素约87%~90%，水 5%~8%，其他物质 4%~6%。我是世界上最主要的农作物之一，产量大、生产成本低，使棉制品价格比较低廉。棉纤维能制成多种规格的织物，从轻盈透明的巴里纱到厚实的帆布和厚平绒，适于制作各类衣服、家具布和工业用布。棉织物坚牢耐磨，能够洗涤和在高温下熨烫，棉布由于吸湿和脱湿快速而使人穿着舒服。如果要求保暖好，可通过拉绒整理使织物表面起绒。"

"这次西方人针对的是新疆棉花，和你有什么关系？"有植物问。

"我们都是棉花，虽然隔着千山万水，但我们的心是相连的，新疆棉花蒙受了不白之冤，我们心疼啊。" 棉花拍拍心口，痛心疾首。

香樟问："那新疆棉花有什么特点？"

小棉花说："说起新疆棉花，那真是美翻了！新疆棉花，美在播种时的整齐划一；新疆棉花，美在花开时的娇艳动人；新疆棉花，美在丰收时的壮观大气；新疆棉花，美在置身其中时的屏息惊叹；新疆棉花，美在'美美相交'时的惊艳无双。只有看过新疆棉花田的人，才知道这成片的白茫茫到底有多美。用一句话来概括，'它是雪白的，从泥土里长出来的云'。"

听到小棉花说出这样富有诗意的话，现场爆发出一阵又一阵掌声。

小棉花热泪盈眶。香樟也受到感染，高声说道："棉花妹妹，有理走遍天下，无理寸步难行。别怕，酒香不怕巷子深，新疆棉花身正不怕影斜，西方某些小丑无中生有，信口雌黄，只是借题发挥，其目的是想遏制中国人民大踏步前进的步伐，但这注定是徒劳的。西方无耻之徒的妖言惑众，丝毫无损于新疆棉花的洁白无瑕。你看，我们大家都在支持你。"

这时，银杏拿出了手机，大声念道："据最新消息，黄轩、宋茜等著名演员，第一时间发表声明，终止和 H&M 的合作；天猫、京东、拼多多等多家电商平台，立即下架 H&M 品牌产品；小米、华为、vivo、腾讯等多款手机，也在应用商店下架了 H&M 商城 App。看看这些随意挑衅 14 亿中国人的居心叵测分子，会得到什么结果？让他们知道'玩火自焚'是一种什么样的体验？"

香樟接着说："西方国家戴着有色眼镜看人，总是误判中国。时至今日，这个世界，还是对中国有太多的误解和误判。他们以为，封锁住核心技术，就能卡住中国的脖子，殊不知，中国人也能迎难而上；他们以为，发动一场贸易战，就能把中国打趴下，殊不知，中国人是钢筋铁骨，百折不弯；他们以为，一场疫情就会让中国手忙脚乱，结果是中国的防疫，成了所有国家都触摸不到的天花板；他们曾经以为，可以不尊重中国人，也能在中国的地盘赚钱，但中国人不吃这一套。任西方人欺凌的旧中国已经一去不复返了。"

枫香也接上来说："你强由你强，清风拂山岗，你横任你横，明月照大江。有些底线，不能突破，有些挑衅，不能无视。中国人有包容心，但这绝不意味着你可以肆意而为。你若不要脸，我必让你颜面无存。说明白些，你误判中国，就会失去整个市场，也会错失一个发展的世界。"

小棉花激动万分，哽咽着说："为什么我的眼睛常含泪水？因为我对这片土地爱得深沉！有中国人民的大力支持，又有植物界广大兄弟姐妹的声援，新疆棉花一定会更加洁白如玉，焕发出更加鲜艳的光彩。"

在阵阵呐喊声中，小棉花信心百倍，和植物们融合在一起。

润心

植物谈心

这段时间，也许是天气酷热的原因吧，润园植物垂柳的情绪起伏不定。上午见到紫薇，垂柳拉住紫薇的手不放，夸赞紫薇花愈是高温酷热，花丛愈是爆发，美丽的花朵极致怒放，人见人爱。而自己相形见绌，羞愧难当。紫薇笑笑离开了。

下午，垂柳遇见石榴，又缠住她不肯离去，说石榴"榴枝婀娜榴实繁，榴膜轻明榴子鲜"。又怨自己终日无所事事，一事无成。石榴安慰几句后顾自忙去了。

到了傍晚，看到居民手里提着青菜萝卜匆匆走过，垂柳又嘀咕开了，认为青菜萝卜虽然个子矮小，但却能为人类提供食料，人们离不开他俩，而自己这也不能，那也不会。越想心情越坏。

润园植物发现垂柳变得像祥林嫂，都很着急，想着要怎么帮帮他。有一天清晨，雪松带着广玉兰、乌桕等植物去看望垂柳。雪松问他近来是不是身体欠佳？

垂柳说："没有啊，我身体好得很，只是我看到紫薇花枝招展，石榴果实累累，连青菜萝卜都全身心地做贡献，而自己却毫无用处，我是恨自己"不成钢"，对他们羡慕不已啊。"说着一副垂头丧气的样子。

雪松以人为例，给垂柳讲了一个故事："有一对中年夫妻，他们的婚姻生活，平淡又琐碎，但通过窗户，看到了对面的一对年轻夫妻，过着浪漫的婚姻生活。女主人公为此感到很委屈。因为她一个人整天带三个孩子，一会儿帮这个擦鼻涕，一会儿另一个又要上厕所，再一会儿第三个又肚子饿需要喂奶，每天都在崩溃的边缘徘徊。可有一天，她发现对面邻居家的男子，因病被送进医院，她犹豫了一下，准备去安慰对面的女邻居。没想到，这个女邻居却对她说，我的丈夫，病得很重，我们都很羡慕你有三个可爱的孩子。"

故事讲完后，雪松拉着垂柳的手说："有些树木之所以不幸，是因为他不知道自己是幸福的，仅此而已。"觉得意犹未尽，又补充道："每株树的生活，都藏着无数的委屈，很多时候，你的烦恼里，恰恰藏着别种树的幸福。"

垂柳点点头，心有所动。广玉兰以动物为例，也给垂柳讲了一个故事："有只自由飞翔的乌鸦，遇到了一只笼中的鹦鹉。乌鸦羡慕鹦鹉安逸，鹦鹉却羡慕乌鸦自由。二鸟便商议互换。乌鸦得到安逸，但难得主人欢喜，最后抑郁而死；鹦鹉得到自由，但长期驯化，不能独立生存，也饥饿而死了。"

讲到这里，广玉兰拍拍垂柳的肩膀，说："在这个世上，每种树拿到的生活脚本，都不一样。永远不要和别的树比较，不要把自己的快乐与悲伤，建立在和他树的比较之中。"

垂柳不停点头，脸色明朗起来。乌桕趁热打铁，搬出了名人当例子："俞敏洪年轻时，发现自己很多方面都比别人差，他在心里暗暗下定决心：一定要学得比你好，将来比你强。于是，整个大一大二，他拼了命地追赶。无论白天还是黑夜，除了睡觉的时间，他都在苦读。结果却偏偏出人意料。成绩不仅没有达到理想的水平，他身体反而被搞垮了。大三开学，他直接咳出了一摊血，进医院住了一年。一检查，原来是劳累导致的急性肺结核。住院的一年中，他苦思冥想，终于想通了两个道理。第一，跟别人比没有任何意义。第二，所有的进步，都是关于你自己的事情。"

听到这里，垂柳甩了甩长发，朗声道："你们的意思我理解了，可我们是植物，和人和动物能比吗？"

看到垂柳的心结还没有完全打开，雪松说："我们植物的思想和人和动物都是相通的，甚至比他们更明事理。俗话说，萝卜青菜，各有所爱。你羡慕紫薇石榴，别的植物还羡慕你垂柳呢。"

润心

"有这种事？我有什么值得羡慕的呢？"垂柳将信将疑的样子。

"你的粉丝不要太多，我都要妒忌了。"广玉兰插话。

"有何凭据？"垂柳还是不相信。

"'碧玉妆成一树高，万条垂下绿丝绦。不知细叶谁裁出，二月春风似剪刀。'这耳熟能详诗篇里的柳树是其他树能比得了的吗？"乌桕反问。

"是啊，阳春三月，桃红柳绿，是杭州西湖边的标配啊！谁要是动一动西湖边的柳树，杭城市民可不答应。"雪松说得更有板有眼。

"'天街小雨润如酥，草色遥看近却无。最是一年春好处，绝胜烟柳满皇都。'春时伴着风月，戴着柳条花环，沉醉在桃花林中，品尝香醇的明前茶，这是何等的愉悦。"广玉兰对柳树赞不绝口，陶醉其中。

垂柳深受感染，理了理长发，向着雪松、广玉兰、乌桕等植物拱手致谢，表态说："谢谢你们，什么都不用说了。山重水复疑无路，柳暗花明又一村，我现在已经理解陆游的诗意了。我一定会振作起来，重振雄风。"说着仰起头来，春风满面。

看到柳郎俊朗秀气的身材，忧郁之状已一扫而光，雪松等植物长吁一口气，轻松愉快地离开垂柳回自己住地去了。

润心

植物猜谜

2022年8月21日，星期天。周末到了，润园小区的桂花、紫薇花、梅花、菊花、荷花、月季花、杜鹃花、茶花、水仙花、兰花相约聚会。十朵金花平时都很忙，周末难得聚在一起，那个热乎劲就不用提了。

梅花看到杜鹃花头上焦黄黄一片，心痛地说："你们看，杜鹃花都焦头了，这是怎么回事啊？"

"怎么回事，还不是天热惹的祸。"杜鹃花抱怨道。

"她焦头，我还烂额呢！"月季花指着身上星星点点的斑痕，气呼呼地说。

大家边吐槽边讲笑话。桂花说："昨晚，一个朋友来咨询我，她想去北方某地游玩，问我对那里熟不熟。我问她那里现在最高气温多少度？她查询后回答是37℃。我告诉她，现在这个时候，不上40℃的地方怎么可能熟呢？朋友哑然。"

桂花一本正经讲完后，众花皆笑。菊花神秘兮兮地说："是啊，这种天气，大家一定要注意，因为一不小心，可能老母鸡变鸭。"

"此话怎讲？"众皆好奇。

菊花说："昨晚，我去江边乘凉，发现有个地方围了好多人，我就挤进人群去看热闹，看到场地中间有个人手里抓着一只老母鸡。我正纳闷，就眨了眨眼，只听一阵掌声响起，我定睛一看，那个人手上的老母鸡变成一只鸭子了。你们说奇怪不奇怪？"

"常言道：眼睛一眨，老母鸡变鸭。你真是少见多怪，连这个都不知道，这是那个人在变魔术。"荷花取笑菊花。

"原来是变魔术啊，我以为自己脑子烧坏了。"菊花拍拍脑袋，自嘲道。

众花大笑，又转到今年为何这么热的话题，有的说是温室气体排放过多的原因，有的说是冷热周期循环的原因。兰花刚才一直没说话，这时她站起来说："当下持续出现的极端天气，我认为是人们不敬畏自然、不尊重自然的结果。人只有常怀敬畏之心，才不会肆无忌惮，为所欲为。在物欲横流的时代，人被杂念所扰，被世俗所累，迟早要受到大自然的惩罚。"

对兰花所说，大多数金花是同意的，但也有不同意见。水仙花说："我们也不能全甩锅给人类，他们也有他们的难处，还是要相互体谅。"

"人类自以为是，高高在上，他们什么时候考虑过我们。他们惹的祸，我们跟着遭殃。"兰花气不打一处来。

金花们争论起来，话越说越难听，对人类颇有微词。桂花看看不对，连忙刹车，说："停！停！停！我们难得聚在一起，去为人类争论干什么？还是少惹是生非吧。"

"都是天热惹的祸。"茶花咕噜一声。

"不说这些，你有什么好话题？"梅花问桂花。

"我们还是聊聊风花雪月吧，多了解些大自然的知识总不会错。"桂花回答。

"大自然知识？我们每天生活在大自然中，这种老生常谈的话题还有什么味道？"月季花不以为然。

"我们可以改变下方式方法，比如用猜谜语的形式来了解自然现象。"桂花胸有成竹，不慌不忙地说。

"猜谜语？这个有意思。"金花们都说好。

"那桂花你先说说规则。"紫薇很好奇。

桂花说："规则是这样的，我们十朵花，每朵花都出一个题，也就是读出谜面，谜面最好是富有诗意，每个谜语都是打一种自然现象，大家来猜谜底，听清楚了没有？"

金花们说听清楚了。荷花说："桂花你先出题吧，我们跟着照样画葫芦好了。"

"我到处乱跑，谁也捉不到。我跑过树林，树木都弯腰；我跑过大海，大海的波浪高又高。"桂花说声"好"后，读出了谜面。

"这个谜底应该是'风'。"紫薇花抢先回答。

看到桂花点头称是，金花们鼓掌称赞。紫薇花接着说："那我懂了，我来出一题。谜面是：从低到高，由浓到淡，忽左忽右，跟着风走。"

这个谜底是"烟"，被月季花猜中。接下去梅花出的谜面是：赤橙黄绿青蓝紫，犹如彩练当空舞。夏日雨后常常见，太阳在西它在东。

"这是'虹'，雨后彩虹，太漂亮了。"茶花感叹道。

轮到菊花出题，她出的谜面是：天冷他出来，白毛到处盖。不怕风来吹，不怕太阳晒。

"现在是大热天，你怎么出冬天的题？"荷花嘻嘻笑着，接着说："不过这个难不倒我，这个谜底是'霜'。"

"你厉害，那你出个题吧！"菊花竖起大拇指，对着荷花说。

荷花张口就来，报出谜面：毫光突起，瞬息千里。一鸣惊人，带来风雨。

"这个太简单了，这是'雷'。打雷时，大家要小心，防止触雷。"水仙花不光猜出谜底，还好心提醒大家。

月季花讲究简约，出的题也简短，就两句：一座七彩桥，雨后天上挂。

"这是'彩虹'，这个谜底不是前面出现过了吗？"兰花提出异议。

"这个谜底虽然一样，但谜面不一样，这样也是可以的。"桂花是裁判，出来解释。

"我来出题吧！"杜鹃花摇头晃脑报出题目：千万根线细又长，上下能把天地量，地有多厚天多高，小小银线它知道。

"这个从天上落到地下如丝线一样的东西就是'雨'了。"梅花回答正确。

茶花出的题是这样的：云中有面鼓，躲在最深处，平时它不响，雨前它先唱。

润心

这个谜底是"雷",又重复出现了,这次被紫薇花猜中。

水仙花和水感情深,出的题也和水有关,谜面是:圆圆小珍珠,洒落草丛中,太阳一出来,跑得无影踪。

谜底是露珠,是桂花猜出来的。

最后出场的是兰花,她诵读道:白色花,无人栽,一夜北风遍地开。无根无枝又无叶,此花原从天上来。

刚读完,月季花就报出答案是"雪"。

在阵阵掌声中,一轮猜谜语题结束了,十朵金花都出了题,答题的成绩也不相上下。金花们觉得意犹未尽,嚷嚷着还要来第二轮。至发稿时,润园金花猜谜语活动还在进行之中。

润心

与时俱进

处暑节气后，连续下了几场雨，酷暑终于退去，润园小区植物的精神状态焕然一新，早晨来公园聚会的植物也增加了许多。这天，当红叶石楠来到公园时，看见大家围着老槐树，在听他忆苦思甜，但老槐树讲来讲去还是老一套。

红叶石楠听不下去了，就从植物群里挤进去，走到老槐树旁边，低声说："老槐树，您也说累了，该歇歇了。"

"我不累，你看大家都喜欢听我讲呢。"老槐树逞能，没把红叶石楠放在眼里。

"你讲来讲去都是老掉牙的东西，已经跟不上形势了。"见老槐树没领会，红叶石楠只好直说。

"什么？你说我跟不上形势，我哪里落后了？"老槐树急了，拉住红叶石楠，非要她说清楚。

红叶石楠无奈，只得反问："现在网络时代，你知道'圈粉''打酱油''虐狗''撒狗粮'这些时髦词语吗？"

老槐树摇摇头。乌桕走过来，说："老革命遇到新问题。在接受新生事物方面，我们这些老同志要承认比不上年轻植物，需要向他们学习，补补现代课。"

"是啊，前几天，我孙女就批评我思想落伍，还说我有现代语言表达障碍综合征。你们知道，我以前也是经常给学生上课的，我当然不服气，孙女当场给我出了三道题，说要考考我。"老枫杨说到这里，气喘吁吁。

红叶石楠连忙扶老枫杨坐下，掏出纸巾帮他擦擦汗，要他慢慢说。

润心

等缓过气来，老枫杨接着说："孙女问我的第一道题：'现在'开会'怎么讲？'我回答：'我活了一百多年，算是古树了，什么场面没经历过，开会就叫开会，还能怎么讲。'孙女说：'错！应该叫论坛。'"

植物中传出了一阵笑声，老枫杨摇着头接着说："第二道题：现在'瘦弱'怎么讲？我回答：'瘦弱就是身体瘦、体质弱，弱不禁风。'孙女说：'错！瘦弱现在称作骨感。'"

"有意思""很形象的"，植物们在边上窃窃私语。

"第三道题：现在'包工头'怎么讲？我说：'包工头就是承包工程项目的负责人。'孙女笑了：'错！应该叫项目经理。'"老枫杨叹了口气，补上一句："老了，不服不行啊。"

乌桕接过话题说："信息时代发展很快，我们老年植物必须与时俱进，克服思想僵化、知识退化、脏器老化的毛病，才能紧跟时代脚步前进，不被年轻树甩出几条街。"

老槐树心里想：唉，想不到自己活了八十多岁，可说是桃李满天下，居然还要从头学起，可见年纪大"痴呆"程度严重了。想了一会儿后明白过来，就低声下气地请教红叶石楠："你年轻有为，还有什么时髦词语？你教教我。"

红叶石楠看老槐树是诚心的，就找来一块黑板，在上面画了一张新旧对照表，列出了以下54个新旧叫法。

序号	书面语	流行口语
1	单位	机构
2	集体	团队
3	目录	菜单
4	计划	路线图
5	领导	老板
6	秘书	小秘
7	胜出者	大赢家

润心

8	资本家	家里有矿
9	暴发户	土豪
10	农民工	外来建设者
11	半老徐娘	资深美女
12	嫁不出去	剩女
13	八卦新闻	秘闻
14	桃色新闻	绯闻
15	移情别恋	劈腿
16	结伴出游的人	驴友
17	做人之道	心灵鸡汤
18	争论	对话
19	辞职	跳槽
20	贪官污吏	老虎苍蝇
21	减肥	塑身
22	滋补	养生
23	用餐	饭局
24	九牛二虎之力	洪荒之力
25	痛快	爽歪歪
26	发疯	非理性亢奋
27	关系密切	零距离接触
28	互通有无	资源共享
29	意见统一	共识
30	你我受益	双赢
31	生日聚会	生日派对
32	朋友聚会讨论	沙龙
33	顽皮孩子	熊孩子

润心

34	平头百姓	吃瓜群众
35	发表信息的地点	平台
36	高精尖设备	神器
37	男人英俊	帅哥
38	穿着时尚	酷毙
39	自家门口	主场
40	被人喜欢	圈粉
41	喜欢你的人	粉丝
42	长得漂亮不漂亮	颜值
43	剃头理发	造型设计
44	时髦之人	达人
45	努力工作	打拼
46	积极向上	正能量
47	社会底层人物	草根
48	无足轻重	打酱油
49	口出怨言	吐槽
50	倒霉	悲催
51	逆境而为	逆袭
52	单身汉	单身狗
53	在单身汉面前秀恩爱	虐狗
54	在公开场合秀恩爱	撒狗粮

润心

众植物一齐上前，对着这张表格上上下下看了几遍，不住点头称是。老槐树看到最后两行，若有所思，喃喃自语："原来虐狗、撒狗粮是这个意思。"

乌桕看完后，拉着老槐树的手，一本正经地说："我们不撒狗粮，像我们这样长达几十年的老朋友，现在应该叫'战略合作伙伴'。唉！真的老了，再不学习就跟不上时代了。"一句话，听得在场的植物都笑了。

清风之美

处暑一过，天气终于凉快些了，润园小区植物在公园的晨会一如既往地举行。今年的夏天很特别，创下了连续高温的新纪录，不要说人，连植物都受不了。好在现在酷暑终于要结束了，植物们也缓过气来，精神好多了。雪松来到公园时，只见沙朴神气活现，不知在说些什么，他就在边上静静地听起来。

沙朴兴奋地说："处暑就是止暑、出暑，这个'处'字，表示去也，暑气至此而止矣，意思是炎热的夏天即将过去，凉爽的日子就要来了。"

"气温虽然下来，但雨水还是很少，一些地方已经严重干旱了，你也说说这个'旱'字。"广玉兰提问。

沙朴回答："这个'旱'字，上面一个'日'，下面一个'干'，就是头顶着烈日干，这就是汉字的神奇美妙之处。"

"你刚才提到'处'字、'旱'字，再说些其他美妙的汉字吧，这个我们爱听。"枫杨建议。

"我这点三脚猫功夫哪行？"沙朴连连摇头，一眼看见雪松在边上，就顺手指着雪松说："他是高手，让他来说。"

掌声响起，雪松被推上前来。雪松清清嗓子，说："中国的汉字博大精深，含义深刻，具有数千年的历史，除了是语言的表达方式和留存方式外，还蕴含了老祖宗的哲学思想。"

沙朴催促道："你就举几个例子说明吧。"

雪松说："你们来看，方字，是万人出点子，自有好方法；劣字，是只有

润心

低劣的人，才会设法'少'出'力'；回字，是看外表方方正正，察内里正正方方；臭字，是因为'自''大'了一点，即使是气味，也惹人讨厌；群字，是有人当面称你'君'，背后却把你当成'羊'；忌字，是心里只有自己的人，还能容得下谁呢？值字，是'人'要站得'直'才有身价；功字，说明成功是工作加努力；汗字，形象地告诉人们，干，就得流汗水；吃字，是如果一生只讲吃，那就成了乞丐的口；食字，是如果人家说你好，就得请吃饭了。"植物们听了都笑了起来。

"有意思，确实是这么回事。"枫杨不停点头。

"汉字太美了，老祖宗真伟大。"广玉兰使劲鼓掌。

"你刚才是对单个字拆字解字，那汉字之美如何应用到诗文里去？"杜英提出新问题。

"既然单个字都如此美妙，组词成文就更是变幻无穷，气象万千了。"雪松回答。

"还是举例说明吧！"沙朴很想学几招。

"从何说起呢？"雪松沉吟道。

这时一阵清风吹过，吹得植物们浑身舒畅。沙朴灵机一动，说："就以'清风'为例，解说下这'清''风'的妙用。"

清风徐来，雪松神清气朗，他抖擞精神，富有诗情画意，绘声绘影地说："我先说'风'字，风是最常见的气象因子，我们每天都在打交道，用在词语上，可是美轮美奂。首先从季节上来说，春夏秋冬，在四季中轮回的风，最原始的名字，便是春风、夏风、秋风、冬风。这个应该很直接而不必我多解释吧。"

"那另外的名字呢？"沙朴点点头，追问道。

"含蓄而富有才华的古人，不会局限于使用这么单调的名字。同样是对应四季，他们绞尽脑汁，赋予风的名字更委婉，更有诗意。春风从东方吹来，夏风则来自南方，到了秋天，风从西方吹过，冬天的时候，北风裹着雪花横行大地。于是根据方位，春夏秋冬的风，又有了自己的新名字。"雪松扳着手指头，如数家珍。

润心

"春风—东风，夏风—南风，秋风—西风，冬风—北风。——对应，还真是这样子的。"植物们纷纷点赞。

"可不止这些，上面的还不够雅致。四季的风，根据本身的特点，更新的名字又出来了：春山暖日称和风；南来微凉谓熏风；金风细细树叶坠；朔风吹散三更雪。"雪松侃侃而谈。

"和风，熏风，金风，朔风。好，这些名字好，不再是直白的语言，而是含蓄地形容。"杜英拍手称快。

"风还有更加清新别致的名字，比如'蒹葭苍苍，白露为霜'的霜风；比如'映日荷花别样红'的荷风；比如'始怜幽竹山窗下'的竹风；比如'昔我往矣，杨柳依依'的杨柳风。"雪松说起来滔滔不绝。

"霜风、荷风、竹风、杨柳风，太美了。照你这样说来，仿佛每一阵风吹过来，都有诗情画意的味道。"桂花赞叹不已。

雪松还要说"风"，沙朴及时切换话题，问："那'清'字又如何解说？"

"你们来看，草木清欢，山水清音，水墨清淡，器物清雅，禅院清幽，心灵清净，操守清高，都是一个清字，'清'是最高级的中国文化，是美的最高境界，千百年来，'清'早已成为中国文化的魂，不仅是一种审美意趣，一种人格修养，更是一种生活态度，一种生命境界。'清'是一种中式审美，简简单单，韵味无穷。"雪松说得头头是道。

"清明、清洁、清醒、清纯、清爽、清秀、清香、清廉、清白，我也能说出一大串含清的词。"枫杨插嘴，对"清"字推崇备至。

"清是三点水加青，水青则清，绿水青山就是金山银山。"沙朴又来拆字解文了。

雪松进一步阐述道："人们对山水的喜爱，离不开'清'字。水之清莹，山之清幽，月之清明，林之清寂，山水之清，映射着精神人格的外延。清之美，是极简之美，素雅温润，洁净高华；至真至诚，畅快自然；淡泊自然，返璞归真；悠然心会，恬静柔和。言语很难道尽，'清'字美到极致。"

"我的理解，清是春观百花，夏乘凉风，秋望明月，冬听飘雪。不知道对

润心

不对？"狗尾草伸长脖子，问了一句。

"狗尾草说得很形象，你真是草精，一点就通。"听到雪松如此夸赞，狗尾草嘻嘻笑个不停。

又是一阵清风吹来，小区公园里，植物们赞美清风的掌声和欢笑声一浪高过一浪。

润心

俗称"串联"

进入九月份后天气转凉，小区植物精神完全放松了，小区公园植物晨会的话题也多了起来。看到广玉兰姗姗来迟，沙朴一把拉住他的手，亲切地说："你怎么才来？想死我了，我们可是'患难之交'。"

老槐树指着地上的狗尾草说；"你们是'患难之交'，那我和狗尾草算是'忘年之交'了。"

"'患难之交''忘年之交'，有意思，还有什么之交吗？"枫杨很感兴趣。

"那可多了，我起码可以说出 10 多个。"雪松扳着手指头说了起来。在逆境中结交的朋友称"患难之交"、年龄差别大行辈不同而交情深厚的朋友称"忘年之交"、普通老百姓交的朋友谓"布衣之交"、吃喝玩乐交的朋友称"酒肉之交"、幼年相交的朋友称"竹马之交"、交情深厚的朋友谓"肺腑之交"、亲密无间的朋友谓"胶漆之交"、生死与共的朋友谓"生死之交"、情投意合的朋友称"莫逆之交"、无意中相遇而结成的朋友称"邂逅之交"、在道义上互相支持的朋友称"君子之交"、只见过一次面交情不深的朋友称"一面之交"、仅点头打招呼感情不深的朋友称"点头之交"、平淡而浮泛交往的朋友称"泛泛之交"、见过面但不熟悉的人称"半面之交"、旧时结拜的兄弟姊妹称"八拜之交"、交友不嫌贫贱的称"杵臼之交"、宝贵而有价值的交往称"金玉之交"。

"我数了一下，雪松一口气说了 18 个'之交'，太厉害了。"枫杨大声赞誉。

"这些属于民俗别称，中国传统文化博大精深，源远流长，上下数千年文明史，记载了方方面面的俗称，是我们引以为傲的民族传统文化，值得我们子孙后代传承下去。"

"雪松年轻，正当'而立之年'，我已'花甲之年'，老了，不中用了。"老槐树抒抒胡须，满脸慈祥。

"'而立之年''花甲之年'，这又作何解释？"枫杨又问。

"这是对年龄的俗称，是对年龄的另一种称谓。"雪松又扳着手指头说："未满周岁的婴儿称襁褓、两三岁的儿童称孩提、幼年儿童（又叫'总角'）称垂髫、女子十三岁称豆蔻、女子十五岁称及笄、男子二十岁称加冠（又称'弱冠'）、而立之年是指三十岁、不惑之年是指四十岁、知命之年是指五十岁（又称'知天命''半百'）、花甲之年是指六十岁、古稀之年是指七十岁、耄耋之年是指八九十岁、期颐之年是指一百岁。"

植物们将热烈掌声送给雪松，杜英说："雪松了不起，对祖宗十八代都了如指掌。"

雪松哈哈笑着说："杜英谬赞，不过说到祖宗十八代，分为上序、下序，各九代，上序依次称谓是：父母、祖、曾祖、高祖、天祖、烈祖、太祖、远祖、鼻祖；下序依次称谓是：子、孙、曾孙、玄孙、来孙、晜孙、仍孙、云孙、耳孙。从小到大排列是：耳、云、仍、晜、来、玄、曾、高、天、烈、太、远、鼻。"

"祖宗十八代原来是这个意思，我还以为是骂人的话。"无患子恍然大悟。

"要论资排辈，我们植物应该不止祖宗十八代吧？"黄山栾树提问。

"那当然，植物从微生物时代，到苔藓时代，再进入蕨类植物、裸子植物、被子植物，每一个时代都远不止祖宗十八代。自然界的演化总是从低级向高级转变，先有微生物，然后是植物，再是动物，动物中的一类进化为人类。"雪松分析得头头是道。

"人类比我们嫩多了。"乌桕咕噜一声。

润心

"可是人有七情六欲。"杜英为人类说话。

"人有七情六欲，难道我们植物没有？我们的情感比人类只会多不会少。"乌桕不服气，和杜英争吵起来。

"别吵了，先搞清什么是七情、什么是六欲吧。"枫杨大声喊叫。

"喜、怒、哀、乐、爱、恶、欲是七情，见欲、听欲、香欲、味欲、触欲、意欲是六欲。"雪松解释。

"那我肯定不止七情六欲，我起码翻一番。"狗尾草伸直腰杆，嘻嘻笑着。

"狗尾草情感丰富，太可爱了，我五脏六腑都笑痛了。"南天竺哈哈大笑。

"你有五脏六腑吗？"狗尾草不买账。

一句话把南天竺问倒了，只好求助雪松。雪松说："五脏是指心、肝、脾、肺、肾；六腑是指胃、胆、三焦、膀胱、大肠、小肠。这些你自己觉得有没有？"

"我有的。"南天竺拍拍肚子。

一阵笑声后，老槐树竖起大拇指夸赞雪松是"礼、乐、射、御、书、数"六艺齐全；"风、赋、比、兴、雅、颂"六义兼备，是植物们学习的榜样。

"什么六艺齐全，六义兼备，我认为还是'八仙过海，各显神通'的好。"看得出来，芦苇心里不服。

"你知道哪八仙？"老槐树笑眯眯问。

"八仙谁不知道，不就是指铁拐李、钟离权、张果老、吕洞宾、何仙姑、蓝采和、韩湘子、曹国舅这八个吗？你当我傻啊？"芦苇没好气回答。

"芦苇不得无礼，老槐树是前辈，必须尊重。你懂得三纲五常吗？"枫香喝止。

"三纲是君为臣纲，父为子纲，夫为妻纲；五常是仁、义、礼、智、信。还有君臣、父子、兄弟、夫妇、朋友谓之五伦，这些我都懂，但这是封建礼教，过时了。"芦苇一副理直气壮的样子。

"懂就好，懂就要去做，要养成自律的习惯。"

"三岁看大，七岁看老，要从小做起。"

"'石胆、丹砂、雄黄、矾石、磁石'五毒不辨，'冠、婚、丧、祭、乡

润心

饮酒、相见'六礼不分，是现代社会年轻一代的通病，不抓不行了。"

一些老资格的植物七嘴八舌地议论起来，芦苇听得烦了，拱手道："你们这些三姑六婆，行行好，少说几句吧。"

"三姑六婆是谁？"狗尾草拉拉芦苇的衣角，低声问。

"三姑是尼姑、道姑、卦姑；六婆是牙婆、媒婆、师婆、虔婆、药婆、稳婆。"芦苇满脸不屑。

"养不教，父之过，教不严，师之惰。从小不受管束，长大了变成十恶不赦也未可知。"有些植物就是忧天忧地。

狗尾草又悄声问："这十恶是指哪些？"

芦苇告诉狗尾草，十恶是指"谋反、谋大逆、谋叛、谋恶逆、不道、大不敬、不孝、不睦、不义、内乱。"

狗尾草吐吐舌头，啧啧嘴巴，不言语了。

"垮掉的一代，颓废的一代，躺平的一代，这样一代代下来，也没见出什么大事。"枫杨不以为然。

"这就是中华民族文化博大精深的基因在起作用。"雪松对此深信不疑。

"基因再好，也会变异。"也有植物持不同观点。

沙朴看看风向不对，连忙走上前来说："人吃'稻、黍、稷、麦、豆'五谷杂粮，我们植物需要'光、水、气、土、肥'五要素。现在太阳出来了，大家也该回居点取食了，晨会结束。"

听沙朴这么一提，植物们觉得肚子确实饿了，发一声喊，四散离去。

歇后语聚会

九月的第一个周末，天气凉爽，小区里的很多植物早早来到公园参加晨会。沙朴来了后，看到今天人丁兴旺，连芝麻都在，心中高兴，就拉着芝麻的手兴奋地说："教师节、中秋节马上到了，我预祝你们节日快乐！'芝麻开花——节节高'。"

没想到西瓜也在，看到沙朴对芝麻特别热情，心里不是滋味，就冒出一句："你这是'捡了芝麻丢了西瓜——贪小失大'，怎能忘了国庆节呢？"

狗尾草先听到沙朴夸芝麻，他鼓了掌。后来听到西瓜讥讽沙朴，他又点了赞。这些都被松树看到了，松树就称狗尾草是"墙上茅草——风吹两边倒"。

狗尾草听出松树在损自己，反戈一击，说："你是'花盆里栽松树——成不了材'。"

"你们这样'针尖对麦芒——谁也不让谁'，有意思吗？"小葱出来劝解。

松树和狗尾草异口同声问小葱："你帮谁？"

"你们别争了，我是'小葱拌豆腐——一清（青）二白'，谁也不帮。"小葱个子虽小，心里明白。

看到水仙在旁边，狗尾草拉着她的衣角，指望她出来助自己一臂之力。但水仙当作没看到，无动于衷。狗尾草叹了口气，说："水仙不开花——装蒜。"

大蒜听狗尾草这样说，生气了。狗尾草连忙向大蒜解释，让他不要"大蒜发芽——多心"。

润心

这样一来二去的，听得枫杨云里雾里的。枫杨好奇地问："今天这是怎么了？你们说话都带破折号？"

"这是歇后语，难道你连这个都不懂？"雪松白了枫杨一眼。

"什么是歇后语？"枫杨很实诚，不会不懂装懂。

"歇后语是汉语的一种特殊语言形式。它一般将一句话分成两部分来表达某个含义，前一部分是隐喻或比喻，后一部分是意义的解释。"雪松见枫杨心诚，就解释起来。

"这个有意思，前面他们说了很多歇后语，并且都是讲植物的，很形象。植物中还有哪些歇后语？"枫杨好奇心上来了。

"那可多了，比如'蚕豆开花——黑心''早开的红梅——一枝独秀''黄连树下种苦瓜——苦生苦长''出土的甘蔗——节节甜'，等等，说也说不完。"雪松摊开双手，一脸无奈状。

"植物就不用说了，有写动物的歇后语吗？"树丛中不知谁提出问题。

"当然有了，我随便说几句：1.老鼠过街——人人喊打；2.对牛弹琴——没劲；3.老虎屁股——摸不得；4.机关枪打兔子——小题大做；5.龙船上装大粪——臭名远扬；6.蛇吞大象——好大的胃口；7.马上打屁——两不分明；8.小绵羊碰老水牛——想也别想；9.猴子捞月——空忙一场；10.铁打的公鸡——一毛不拔；11.肉包子打狗——有去无回；12.猪鼻子插葱——装象。"雪松侃侃而谈。

"有关植物、动物的歇后语好理解，其他方面的不知会怎么样？"黄杨表示很感兴趣。

雪松提醒大家，润园植物藏龙卧虎，高手如云，要发挥大家的积极性。

黄山栾树站出来说："我不是龙，也不是虎，但歇后语我也知道一些。我来说几句关于数字的歇后语。"说着，黄山栾树报出了12个歇后语：1.半斤换八两——谁也不吃亏；2.一团乱麻——扯不清；3.三十六计——走为上；4.二两铁打大刀——不够料；5.五更天赶夜路——越走越亮；6.六月天穿皮袄——不是时候；7.七尺汉子六尺门——不得不低头；8.八字没一撇——早着哩；9. 九曲桥上散步——尽走弯路；10. 十个铜钱少一个——久闻（九文）；11. 百年松树，五月芭蕉——粗枝大叶、12. 千里送鹅毛——礼轻情意重。

在一阵掌声后，桂花笑眯眯地说："小树不才，就即将到来的节日说几句：1. 八月十五办年货——赶早不赶晚；2. 八月十五吃月饼——正是时候；3. 苞米面做元宵——捏不到一块儿；4. 茶壶里下元宵——只进不出；5. 大年初一拜年——你好我也好。"

植物们大声叫好。红叶石楠不甘示弱，她走上台来，说："我们植物对春夏秋冬一年四季感悟最深了，每个季节就有很多歇后语，有些也会讲到植物。"

"你先说说描述春天有什么歇后语？"枫杨急不可耐。

"1. 春天的毛毛雨——贵如油；2. 春天的萝卜——心虚；3. 春天的柳树枝——落地生根；4. 春天的蜜蜂——闲不住；5. 春天的树尖——一天变个样；6. 春天的竹笋——节节向上。"红叶石楠一口气说了 6 个。

"这 6 个歇后语提到柳树枝、树尖、竹笋、萝卜，只怕萝卜听了会不高兴。"杜英点评。

"实事求是嘛，不必理会其他。"枫杨对杜英的评论不以为然。又对红叶石楠说："你接着讲夏天吧！"

"1. 夏天的扇子——人人欢喜；2. 三伏天穿棉袄——乱套；3. 三伏天喝冷饮——正中下怀；4. 夏天送木炭——不是时候；5. 夏天的萤火虫——若明若暗；6. 夏天的火炉子——讨人嫌；7. 夏至插秧——迟了；8. 夏夜走棋——星罗棋布。"红叶石楠还要说下去，被枫杨打断了。枫杨说："够了。秋天呢？"

"秋天是收获的季节，歇后语可多了。1. 立秋的石榴——点子多；2. 秋蝉落地——哑了；3. 秋后的芭蕉——一串一串的；4. 秋后的蛤蟆——叫不了几天；5. 秋天的柿子——自来红；6. 中秋节的月亮——光明正大；7. 中秋节赏桂花——花好月圆；8. 秋后的扇子——没人过问。"红叶石楠对石榴、芭蕉、柿子、桂花竖起大拇指，赞不绝口。

"冬天不好玩了吧？"枫杨提示红叶石楠说下去。

"1. 叫花子冬天晒太阳——享天福、2. 冬天做凉粉——不看天时、3. 冬天

润心

坐长椅——坐冷板凳、4.冬天屋檐下的洋葱头——根焦叶烂心不死、5.冬天躺在雪地里——自找死路、6.冬天摇蒲扇——不知春秋、7.冬天里的蛇——有气无力、8.冬天的竹笋——出不了头。"红叶石楠摇头叹息。

"不对，现在林业科技发展，采用笼糠覆盖技术，春笋冬出已不是难事，还能卖个好价钱呢。"毛竹提出抗议。

"那也是反季节的。"红叶石楠还击。

毛竹和红叶石楠吵了起来，旁边有些植物也参与争论。枫香听不下去了，大声喊道："吵什么吵？有点涵养好不好？都是书读得太少惹的。"

"此话怎讲？"沙朴丈二和尚摸不着头脑。

"你们看过中国古代四大名著吗？"枫香厉声问。

"四大名著谁不知道，就是《西游记》《三国演义》《水浒传》《红楼梦》啊。"沙朴还是没有领会。

"不要'孙猴子的脸——说变就变'，读过名著，该知道里面有许多歇后语。"枫香说着，朝沙朴使了个眼色。

这下沙朴懂了，枫香这是要把话题拉回来。他心领神会，马上接着问："那《西游记》里有些什么歇后语？"

枫香大声说："1.西天取经——任重道远；2.唐僧取经——一心一意；3.孙悟空的金箍棒——神通广大；4.猪八戒照镜子——里外不是人；5.孙大圣拔猴毛——七十二变；6.沙和尚挑行李——义不容辞；7.白骨精遇上孙悟空——原形毕露；8.白骨精给唐僧送饭——假心假意；9.猪八戒戴花——自美；10.猪八戒爬城墙——倒打一耙。"

"《三国演义》呢？"

"1.看三国掉泪——替古人担忧；2.庞统当知县——大材小用；3.吕布见貂蝉——迷上了；4.貂蝉唱歌——有声有色；5.隔门缝瞧诸葛亮——瞧扁了英雄；6.刘备摔孩子——收买人心；7.刘备编草鞋——内行；8.周瑜打黄盖——装样子；9.黄忠射关公——手下留情；10.司马夸诸葛——甘拜下风；11.关帝庙里拜观音——找错了门；12.关羽赴宴——有胆有魄。"枫香说得累了，猛吸几口空气。

"《水浒传》又怎么说？"

"1.好汉上梁山——逼出来；2.假李逵碰真李逵——冤家路窄；3.梁山泊的军师——无（吴）用；4.林冲到了野猪林——绝处逢生；5.鲁智深出家——无牵无挂；6.鲁智深倒拔垂杨柳——好大的力气、7.孙二娘开店——坑害人；8.王婆卖瓜——自卖自夸；9.武大郎的扁担——长不了；10.武松打虎——一举成名；11.武松绣花——胆大心细；12.张飞遇李逵——黑对黑。"枫香说得口干舌燥，讨要水喝。

"《红楼梦》里又有怎样的故事？"沙朴紧问不放。

"1.红楼梦里的贾府——大有大的难处；2.贾宝玉爱林妹妹——好梦难圆；3.贾宝玉出家——看破红尘；4.贾宝玉的通灵玉——命根子；5.贾宝玉看《西厢记》——戏中有戏；6.刘姥姥进大观园——看花了眼；7.刘姥姥坐席——洋相百出……"枫香累得气喘吁吁。

这时，旁边的植物出来说话了。有的说不能"站干岸——不沾事(湿)"，有的说不能"坐山观虎斗——坐收其利"，有的说不能"推倒油瓶不扶——懒到家"，有的说不能"丈八的灯台——照见人家，照不见自家"，有的说既不能"冰天雪地发牢骚——冷言冷语"，也不能"狗咬吕洞宾——不识好歹"，更不能"借剑杀人——不露痕迹"。

这样七嘴八舌地说了一通，看着"九月的天气——一会儿晴，一会儿阴"，沙朴说："'千里搭长棚——没有不散的宴席'，今天的晨会也差不多了。下面请雪松作总结。"

"我怎么能'烧香赶出和尚——喧宾夺主'呢？"雪松推辞。

"'花生的壳，大葱的皮——一管管一层'，我们这里数你雪松是'南天门的灯笼——照得高'，你就不要客气了。"沙朴再次邀请。

雪松哈哈笑着说："我是'老太太住高楼——上下两难'，既然沙朴一再相邀，我就山中无老虎，猴子称大王，说几句。我觉得大家要养成积累知识的好习惯，这对以后的学习生活乃至植物的一生都有重要的帮助。积累和学会使用歇后语，对写作文、语言的表达都有重要影响。请大家收藏这些有用的歇后语！最后，祝大家'大姑娘上楼梯——步步登高'。"

在雷鸣般的掌声中，今天的小区植物晨会落下帷幕。

润心

植物吐槽

润园小区的植物最近既欣赏了民俗别称，又讨论了各种歇后语，还与时俱进学习了时髦词语，掀起了爱学习肯钻研的新高潮。这天晨会上，沙朴发现杜英眉头紧锁，就问他是为何。

杜英说："我这段时间通过学习，深切体会到中国传统文化的博大精深以及现代文化与时俱进发展壮大的脉络，总体上感觉很好，但也发现一些很有意思的现象，觉得有说不出的味道。"

"有这样的事？说来听听。"沙朴很感兴趣。

"比如对汉字简化，就很有说法。"杜英欲言又止。旁边的植物围了过来，沙朴鼓励杜英说下去。

杜英箭在弦上不得不发，只好说："汉字简化方向是好的，方便了大家，但有些汉字简化后，有些让人哭笑不得。"说着连连摇头，一声叹息。

"你别吊我们胃口，快说下去。"狗尾草急不可耐。

"我举一些例子，比如'體—体'，没有骨就没有气；'愛—爱'，删除了心字，爱已无心；'親—亲'，去掉了见字，见不到了，还怎么亲；'進—进'，变佳字为井字，走向佳境变成走向井里；'傘—伞'，抽去了许多伞骨，少骨断筋了；'雲—云'，去了雨字就缺了滋润；'昇—升'，去了日字就变灰暗了；'鄉—乡'，没了郎君岂不成寡妇了；'買賣—买卖'，贝字都不见了，是不是无好货了？'飛—飞'，掉了升高的羽翅，还能飞起吗？"杜英一口气说出了10个简化字。

植物们细细参悟杜英所说，觉得很有道理。黄山栾树站出来，说："我也有体会，比如'協—协'，排挤了其他二力，表示不合力了；'車—车'，车字中间为车轮，这样一改变无车轮了；'區—区'，品位没有了；'産—产'，生字一删，生不出了；'倫—伦'，人伦匕首见，还会好吗？'夥—伙'，搞单干了；'寍—伫'，不得安宁了；'來—来'，不见人了；'質—质'，去斤改贝，缺斤少两了；'關—关'，没门，关不住了。"

黄山栾树也说了10个，引起一阵掌声。无患子不甘落后，说："我也来说几个。'畝—亩'，去了久字，不长久了；'準—准'，水平线没了；'塚—冢'，坟墓没有土了；'兇—凶'，弃儿丢女了；'擊—击'，打击不用手了；'陽—阳'，阳盛不易了；'陰—阴'，月亮赶走了今日的云；'邨—村'，只剩下一寸木了；'辦—办'，去掉两个辛苦的辛字，办事图省力了；'動—动'，变重为云，避重就轻了。"

"'勸—劝'，劝解没有好话了；'參—参'，参与越来越少了；'壘—垒'，堡垒不坚固了；'戲—戏'，无乐趣了；'觀—观'，看不到好东西了；'歡—欢'，不喜欢好东西了；'鷄—鸡'，变种了；'鞏—巩'，原来是用皮革束缚，现在变不扎实了；'聲—声'，耳没了，充耳不闻了。'藥—药'，偷工减料了。"没等无患子说完，乌桕也发表了自己的看法，引起了大家的共鸣。

植物们七嘴八舌地吐槽起来，对有趣的简化字越说越多。

垂柳甩开长辫子说："人类有些做法我也不敢苟同，比如说我们是'残荷败柳''飘萍断梗''一叶障目''枯枝败叶''孤芳自赏''落花流水''草木皆兵'……太不尊重我们了。"

"对我们植物还算好的，对动物就更不堪了。"广玉兰神神道道地说。

"这个你不能随便乱说，要有真凭实据。"雪松提醒。

"我当然有依据了。"广玉兰感觉雪松不相信自己，气呼呼地说："前几天我看到动物在聚会，聊到人类，觉得很有同感，就记了下来。"

"动物怎么议论人的？"狗尾草又伸长脖子询问。

润心

广玉兰拿出一张纸，念了起来："驴说：明明是人愚蠢，却说'蠢驴'；猪说：不光是骂蠢驴，也有骂'笨猪'的；牛说：明明是人在说大话，却说'吹牛皮'，啥玩意儿？猫说：人自己在搞阴谋诡计，偏说是'玩猫腻'，你说可恨不可恨？狼和狈说：人合伙干坏事后，反说成'狼狈为奸'；狗说：那可不是，我和狼本是冤家，却说'狼心狗肺'？老鼠说：人自己长得丑吧，反倒说'贼眉鼠眼'，人自己眼光短浅吧，反倒说'鼠目寸光'；虎说：人办事不专心致志，却说'虎头蛇尾'，我和蛇什么时候有过一腿，生过下一代？鸡说：人真不是个东西，把失足女性说成是我们'鸡'；马说：人在搞阿谀奉承，说成是'拍马屁'，与我们有何相干？猴说：猴自己急不可耐了，却说'猴急猴急'的，挨得上吗？……动物们越说越气愤，一致认为，人类最为恶毒的一句语言是，自己坏事做绝，良心丧尽，却说'连畜生都不如'。"

广玉兰念到这里，植物们都笑了起来。枫杨问大家："人类总是这样高高在上，自以为是，这算不算一种病？"

"话可不能这么说，人类总体上对我们不薄，有时犯些错误也是难免的，我们要理解他们。"雪松考虑得比较全面。

"雪松就是个好好先生。"也有植物取笑雪松。

"大家还有什么要吐槽的，干脆都说出来，说开了心里也许就痛快了。"沙朴鼓励大家。

"说出来都是泪，不说拉倒。"黄连木话到嘴边又咽了回去。听他这么一说，植物们都静默下来。沙朴看看风向不对，就借机宣布晨会结束。

润心

植物论吃

在今天早上小区植物聚会时，沙朴问广玉兰："再过两天就是一年一度的中秋节了，那天你最想干什么？"

"这还用问，当然是赏月。"广玉兰回答得很肯定。见沙朴摇着头，广玉兰反问沙朴："那你最想干什么？"

"中秋是团团圆圆的节日，我最想吃月饼。"沙朴回答得也很干脆。

"你个馋猫，就知道吃。"广玉兰取笑道。

"那当然，节日就讲究个吃。你们看，中国的传统节日，哪个离得开吃，除夕年夜饭是每家每户一年中最丰盛的一餐，要准备好几天呢。另外，元宵节吃汤圆，清明节吃清明团子，端午节吃粽子，中秋节吃月饼，冬至日吃麻糍。是不是都和吃有关系？"沙朴振振有词。

旁边的植物听了沙朴的话，觉得有道理，不停点头称是。

"这个就是中国的'吃文化'，中国人是很讲究文化的，什么事都要往文化上去靠。这个吃，不仅仅是指食用，还涉及生活中的方方面面。"雪松站到公园中心，对着大家说。

"生活中的事都能和吃扯上？这个有意思，说来听听。"狗尾草探头探脑，什么都感兴趣。

"我来举几个例子。"雪松扳着手指头说起来："比如工作叫'饭碗'，谋生叫'糊口'，受雇叫'混饭'，靠积蓄过日子叫'吃老本'，混得好的叫'吃得开'，女人漂亮叫'秀色可餐'，受人欢迎叫'吃香'，受照顾叫'吃小灶'，不顾他人叫'吃独食'，没人理会叫'吃闭门羹'，有苦难言叫'吃哑巴亏'。"

植物们听了雪松举的 11 个例子，频频点头。杜英接着说："受雪松的启发，我也来说几个和吃有关的现象。理解不透叫囫囵吞枣，理解深刻叫吃透精神，广泛流传叫脍炙人口，犹豫不决叫吃不准，不能胜任叫干什么吃的，负不起责任叫吃不了兜着走，收入太少叫吃不饱，负担太重叫吃不消，做得辛苦叫吃力，做很难做的事叫啃硬骨头，没事找事叫鸡蛋里挑骨头，连解雇都叫炒鱿鱼。"

植物们连声称好。黄山栾树不甘示弱，走上来说："我也想到了几个，和大家分享。被人暗中算计叫'吃闷棍'，拿好处费叫'吃回扣'，算计同事朋友叫'吃窝边草'，帮外人叫'吃里扒外'，穷得没饭吃叫'喝西北风'，嫉妒叫'吃醋'，没能力叫'吃干饭'，不领情叫'吃力不讨好'，老汉娶小媳妇叫'老牛啃嫩草'，靠女人吃饭叫'吃软饭'，靠父母叫'啃老'，上当受骗叫'吃亏'。"

一阵掌声笑声过后，狗尾草嘻嘻呵呵说："我以前只知道兔子不吃窝边草，原来算计同事朋友也叫吃窝边草。"

"我提醒大家，你们谁敢吃软饭，吃豆腐，吃独食，吃回扣，吃窝边草，吃里扒外，最终不仅自己会吃亏，还有可能会吃官司。"无患子一本正经地说。

"无患子太有才，超级神总结，我都要吃醋了。"乌桕竖起大拇指。

"不听不知道，一听才发现中国的'吃文化'果然博大精深呀。"红叶石楠感叹。

"听了这么多的'吃'字，我肚子咕咕叫了，我回去吃独食了。"沙朴说完，一溜烟地跑了，众植物也一哄而散。

俚语接龙

天蒙蒙亮时，润园植物沙朴兴冲冲地赶去小区公园聚会，发现很多植物已在那里聊开了。沙朴刚走到，身上还汗涔涔的，就听白杨说："沙朴，你虽然'颠儿''颠儿'赶来，但还是迟到了，你'昨儿'在'起腻'吧？"又听白玉兰说："沙朴迟到和白杨说的是'勿搭界'的，沙朴你说是吗？"

"你们在说'啥西'？南腔北调的，我怎么听不懂？"沙朴丈二和尚摸不着头脑。

"他们说的是方言，白杨说的是北京方言，北京方言中的'颠儿'是跑或溜的意思，'昨儿'就是昨天，'起腻'是指男女之间亲热的样子；白玉兰说的是上海话，其中的'勿搭界'是沾不上边的意思。事实上，沙朴你自己说的'啥西'也是杭州方言。"槐树出来解释。

"白杨不要跑，敢给我'下套儿'。"沙朴作势要追打白杨。

"我是和你'逗闷子'，'逗乐儿'。"白杨连连解释这是开玩笑。

众植物大笑。雪松走上前来说："刚才你们提到的'颠儿''勿搭界''下套儿''逗乐儿'等词都是地方用语，也叫俚语。"

"俚语？闻所未闻，快说来听听。"狗尾草对什么都感兴趣。

"俚语是指民间非正式、较口语的语句，是老百姓在日常生活中总结出来的通俗易懂的、顺口的、具有地方色彩的词语。具有地域性强、较生活化的特点。俚语通常用在非正式的场合，有时用以表达新鲜事物，或给旧事物赋以新的说法。俚语亦作里语、俚言。外国人也有俚语，但多是粗俗的口语，常带有

润心

方言性。"雪松耐心解释。

"那俚语是怎么来的呢？"狗尾草追问。

"每一种俚语都有其自身的历史和流行的原因，时过境迁，或改变其义，或转为标准语，某些俚语去掉其富于刺激性的色彩之后，亦为人们所接受。有些俚语引进新概念，有些则提供新的表达方式，新颖、辛辣甚至耸人听闻。最有效的俚语往往一语概括所指之物、用物之人及其社会背景。"说到这里，雪松又补充道："俚语已成为幽默大师及新闻记者所必需的工具，如运用得当，可使语言别开生面，推陈出新。因俚语可以反映地方文化概况，语言学家及社会科学家会详加研究。"

"理论性的东西就别说了，我们想听听实际应用。"杜英提议。

"对于俚语，我是'棒槌'。"无患子摆摆手，表示自己是外行。

"今天来聚会的白杨是'半熟脸儿'，'打这儿'你要多来来。"黄山栾树这样说，沙朴表示似懂非懂。黄山栾树解释说："'半熟脸儿'表示有些面熟，说明他来得少，'打这儿'是指从此之后。"

雪松招呼大家会说俚语的都来说几句。乌桕'闹气儿'说："'哥们儿'，'姐们儿'，'爷们儿'，不要'兜圈子'，'绕弯子'，俚语不就是耍'嘴皮子'吗？这个我'倍儿'棒，'门儿清'，不信你们谁敢来比试？"

沙朴问雪松："乌桕在说什么？"雪松告诉他，"闹气儿"是喘气。"哥们儿""姐们儿""爷们儿"是表示亲近的称呼，有时代指"你们""那个人"。"兜圈子""绕弯子"是指有话不直说，顾左右而言他，兜起圈子来，表示不爽快。"嘴皮子"是指说话的功夫。"倍儿"是指特别、非常的意思。"门儿清"是由麻将术语演变而来，意为明白，清楚。

听了雪松的解释，沙朴啧啧嘴巴说："哇噻，乌桕一句话包含这么多意思。"正想着，只听广玉兰走上来，对乌桕说："你'打住'，'该干吗干吗去'，凭你这点'三脚猫功夫'，还想在这里'打擂台'？"

"'硌你脚了'，'说难听点儿'，你也'不老少'了，可别来这里'碍眼'，'见天儿'我请你喝茶。"乌桕朝广玉兰挤眉弄眼。

润心

雪松听得哈哈大笑。“这是哪跟哪啊？”沙朴挦挦头皮，茫然不知所措。雪松笑着说：“上面这些都是俚语，串联起来成完整的一句话，意思你慢慢去参悟吧。”

“那我不是‘菜了’。”沙朴吐吐舌头，扮个鬼脸。

“你们真‘逗’，别‘玩幺蛾子’，当我们都是‘死心眼儿’，你们要‘玩猫腻’躲‘犄角旮旯儿’去。”乌桕和广玉兰之间的把戏大概被枫杨看穿了，枫杨出来揭露。

“算你‘牛’，是‘能个儿’，‘存心’和我们作对，我俩‘抓瞎’，‘没戏’了。‘回头’我们‘搓’一顿。”乌桕朝枫杨拱拱手，“套磁”意味十足。

“‘得’，我‘说突嘴了’，我不被‘找抽’就好，至于‘搓’就‘再说吧’，‘甭’了。”枫杨见乌桕套近乎，就顺坡下驴，打住了。

“别啊，枫杨你可别‘露怯’，别‘撂挑子’，‘挑理儿’的事要坚持到底。”水杉正在“遛弯儿”，看到枫杨想拉倒了，就过来鼓劲。

“‘齁’，水杉算你‘事儿’多，看你平时不声不响，实际上‘蔫儿坏’，你这‘个色’不好相处，真‘没劲’。”广玉兰抱怨。

“‘多新鲜呢’？难道我们被‘涮’了，还要‘跟那儿’帮着数钱？真当我们是‘傻帽儿’？”水杉叫屈。

“水杉‘大法了’，‘味儿’‘忒’大。”乌桕想过去“打奔儿”，水杉“撒丫子”跑开了。

“别‘贫嘴’了。”雪松见“今儿个”“大概齐”了，就招呼大家“歇”了吧。说完，拖着“鞋倍儿”要走。

沙朴一把拉住雪松，说：“别走，对俚语的应用我还是云里雾里呢。”

“上面他们说的加引号的都是俚语，你是‘能个儿’，‘戳’在那里想一会儿就‘倍儿’清了。”雪松说完，旁边的植物都笑了起来，笑声回荡在小区公园，清脆悦耳。

嫦娥弄月

中秋节快要到了，住在月宫里的嫦娥翻看微信，得知织女因辛勤织布被天宫评为劳动模范，牛郎因熟知传统文化被任命为天上人间文化交流协会会长。看到这些消息，嫦娥心绪难平。

这嫦娥本是大力士后羿的贤妻，在人间生活，后来为了保护后羿，吞服不老神药后飞向天空。因牵挂丈夫，便飞落到离人间最近的月球上成了仙。百姓闻知嫦娥奔月成仙的消息，纷纷在月下摆设香案，向善良的嫦娥祈求吉祥平安。从此，中秋节拜月的风俗就在民间传开。

嫦娥原以为夫妻分居是暂时的，后羿一定会很快接自己回去，就一直等啊等。到了新世纪，嫦娥觉得不能再等了，就和吴刚联名给天庭写信，说她们在月宫太寂寞了，请求天宫派些天兵天将过来，一则开发新区，二则活跃气氛。嫦娥心想，只有月球热闹起来，后羿才有机会上来相见。

但天宫长期以来墨守成规，加上好大喜功，每天龙肝凤髓、玉液蟠桃，久而久之弄得天宫库银入不敷出，难以为继，要想开发月球困难重重，此事就一直拖了下来。眼看牛郎织女八仙过海各显神通，嫦娥急不可耐，电话电报天天去催，玉帝烦了，就派秋分去月球走一趟。

秋分来到月宫，对嫦娥坦承天宫力不从心的苦衷，同时宽慰嫦娥，预测用不了多久，中国人会陆续来探月，他们的冷清日子就要到头了。

嫦娥听了后激动万分，心想，我的后羿一定会首先来找我。嫦娥就等啊等，

润心

围绕着地球一圈圈地转啊转。

　　秋分后来接到天宫通知，要他下凡去了解当地改革开放的实情。秋分到达杭州那天，正好是中秋节。"月是西湖明"中秋晚会刚好开始。秋分抬头望望明月，一眼认出广寒宫里的嫦娥，正在舒展身姿翩翩起舞。只听嫦娥说："秋分，你到人间已几天了，你知道人们什么时候能来月球吗？你打听到我夫君后羿的消息了吗？"嫦娥说着竟呜呜哭起来，兴许是不好意思，还躲到云层里去了。

　　秋分马上回短信过去："在中秋月圆之夜，请你坚定信念，后羿定能登月，月宫必将开发，神舟飞船已经准备就绪，万事俱备，只欠东风。"

　　嫦娥收到秋分短信，笑容满面从云层中钻出来，但见一轮圆月高挂苍穹，特别亮，特别柔，特别美，赏月的人群中爆发出一阵欢呼声。只有嫦娥和秋分彼此心领神会。

　　过了一段时间，嫦娥听说织女成立了纺织品公司，自任董事长，搞得有声有色。嫦娥不服输，拟成立月球旅游投资集团，在月球上搞旅游开发。吴刚认为嫦娥不自量力，嫦娥笑着说："只要我将大旗一竖，各路神鬼定会纷至沓来。并且不是我自吹，凭我嫦娥的美色，连天蓬元帅都要垂涎三尺，其他小神小鬼更不用说了。"

　　吴刚说："那倒是的，月中嫦娥的美貌谁人不知？哪个不晓？你就是一块金字招牌。"

　　有了织女创业成功的经验，天宫收到嫦娥的项目申报书后，就指派秋分再赴月球帮嫦娥整材料。秋分来了后直奔主题，先请嫦娥、吴刚把项目的背景讲了一遍。听完后，秋分指出，你们原来的方案太高大全了，要搞个小巧灵的方案出来。秋分问："还有其他单位来竞争吗？"

　　"现在月球上连鬼都没有，哪还会有神出来竞争？"吴刚抱怨。

　　嫦娥说："月球上有我嫦娥在，谁还敢来和我竞争？"

　　"这就好了，既然没有竞争，那范围大小就不是问题，只要开发公司成立了，螺蛳壳大也没有关系，反正整个月球都是你们的，你爱在哪玩就在哪玩，

润心

天宫里谁来管你？"秋分心中有底了。

"依你之见，我们的开发范围怎么定？"嫦娥提出新问题。

秋分看了看四周，绕着广寒宫画了个圈，说："这个范围就定在广寒宫。首先，广寒宫属于历史文化遗产，应该加以保护，现在将其纳入项目，可为天宫省下一大笔钱，也能得到文保部门的支持；第二，广寒宫范围建筑物多，在这里搞建设不占耕地，不会破坏生态环境；第三，广寒宫历史文化内涵丰富，光嫦娥身上就可以挖掘出许多故事，吴刚那里也有待挖掘；第四，宫里旅游产品丰富，桂花酒、桂花糕、月饼、嫦娥奔月画册、扇子等，都待开发；第五，广寒宫外围保持原貌，根本用不着去动它，现在提倡原生态。"

嫦娥点着头说："我补充一点，广寒宫还有一个传统保留节目——嫦娥舞，只要游客来了，我来一段嫦娥奔月舞，定能让游客看得如痴如醉。"

"是的，搞旅游开发，一定要有概念，会操作，我们可以搞'印象月宫'和'月宫万古情'两大演艺节目，一定远胜杭州的《印象西湖》及《宋城千古情》。"秋分完全赞同。

"你们说得好，可是搞旅游开发，关键要有客源，月宫的客源在哪里呢？"吴刚犹疑着说。

嫦娥白了吴刚一眼说："月球就在地球边上，你没听说地球上钱多人傻吗？等我们月宫开发出来，还怕他们不蜂拥而上。你担心客源，我倒担心我们接待能力不够。"

几个要点确定后，秋分做出一份项目建议书，在此基础上，嫦娥又请来专家做出项目可行性报告。嫦娥的月宫开发项目得到了各方的肯定与支持，嫦娥干劲十足，正在大刀阔斧地建设月宫。嫦娥相信，她和后羿团圆的日子不会远了。

润心

番茄和土豆

　　小区屋顶平台上种满了各种各样的蔬菜，有番茄、土豆、南瓜、青菜、茄子、辣椒等。看上去这些蔬菜都特别有精神，鲜艳的番茄挂在那里让人垂涎欲滴；圆大的南瓜则躺在地上很享受的样子；长长的茄子、豇豆垂直地挂满菜架，正闪闪发光；绿油油的土豆懒洋洋地张开叶子，呼吸着早晨的新鲜空气。

　　蔬菜们在一起，有时候好得不得了，有时候也会吵得不可开交。这不，今天早晨，为自己的出身问题，番茄和土豆又争论起来。

　　"你们不要争了，我知道番茄又叫西红柿，土豆又叫洋番薯。番、西、洋，听听名字就明白你俩都是外来物种。半斤八两，有什么好吵的呢？"南瓜大声斥责。

　　"那不一样，就算都是进口的，也有个先来后到。"番茄不肯罢休。

　　"贡献大小也不一样。"土豆毫不示弱。

　　"反正闲着也是闲着，就让他们说去吧，我们听听也好。"青菜伸着懒腰，慢条斯理说道。

　　茄子对番茄和土豆说："你们俩一个个说，要实事求是，讲清楚了，由我们其他蔬菜来评判。谁先来？"

　　番茄说："我先来。"接着就介绍起来。原来番茄最开始生长在秘鲁的森林里，人们叫它"狼桃"。由于它艳丽诱人，人们都怕它有毒。因为森林里的蘑菇颜色越鲜艳越好看往往毒性越大，海里的鱼越好看也越有毒，所以人们只欣赏其美而不敢吃其果。

在 16 世纪时，一位英国公爵到南美旅游，发现了番茄这种色彩诱人的植物，并深深地喜欢上了它，他把番茄带到英国，送给他的情人女王，以表情意，此后，番茄又有了别称"爱情果""情人果"。番茄便由此落土欧洲，但仍然没有人敢吃它。当时，英国医生警告人们说，食用番茄会带来生命危险。若不是美国人罗伯特上校一次破天荒的行动，恐怕人们至今仍不知道番茄是什么滋味。

1830 年，罗伯特从欧洲带回几棵番茄苗，栽种在他家乡新泽西州的土地上。但是，番茄成熟之后，却一个也卖不出去，因为人们把它看作有毒果实。罗伯特不得不大胆向全镇人宣布：他将当众吃下 10 个番茄，看看它究竟是不是有毒。镇上的居民都被罗伯特的"狂言"吓坏了。一个医生预言：这个古怪的上校一定是活得不耐烦了，肯定会因为自己的愚蠢而命丧黄泉。

罗伯特吃番茄的日子到了，全镇几千居民都涌到法院门口，看他如何用番茄"自杀"。正午 12 点，罗伯特上校出现在众人面前。他身穿黑色礼服，面带微笑，缓缓走上台阶，接着，他从小筐里拿出一只红透了的番茄，高高举起，向众人展示。待几千双眼睛验证没有假后，他便在众目睽睽之下咬了那只番茄一口，一边嚼一边大声称赞番茄的味道。当罗伯特咬下第二口时，有几位妇女当场晕过去了。不一会儿，10 只番茄全部被罗伯特吃完，他仍安然无恙地站在台阶上，并向大家招手致意。人们报以热烈的掌声，乐队为他奏起了凯旋曲。罗伯特的行动证明了番茄没有毒。于是，番茄名声大振，在世界各地广为传播。

润心

后来，人们发现在番茄中有含量很高的维生素及其他营养物质，就引入菜园中大量种植。番茄先是出现在人们的水果盘中，作为一种美味多汁、酸甜可口、鲜红诱人的"水果"。等到了 18 世纪，番茄登上了人们的餐桌，成了色彩鲜艳、味道酸甜的菜肴。在家常烹饪中，番茄菜肴受到了男女老少的青睐，有"红色果、金苹果、红宝石"之称。

介绍到这里，番茄朝土豆看看，补上一句："我既能当水果吃，又能当蔬菜上餐桌，你能吗？"

土豆"哼"了一声，正要回击，被茄子叫停。茄子问："那番茄为什么叫西红柿呢？"

"传入中国以后，因为番茄形似中国当地的红柿子，又是来源于西方，因此被称为西红柿。"番茄实话实说。

　　"明白了，下面轮到土豆介绍了。我先问一下，你为什么叫土豆呢？"看到土豆急不可耐的样子，茄子手指着他问。

　　土豆介绍说："我的果实形似豆状，又是埋在土里的，所有小名叫土豆。但我在中国有很多称呼，有叫山药蛋的，有叫洋番薯的，有叫薯仔的，植物学家根据我地下块茎呈串状，像马脖子上的铃铛，给我起了个通用的学名叫'马铃薯'，但我还是希望你们叫我土豆，显得亲切自然一些。"

　　茄子笑着问土豆："你的原生地在哪里？"

　　土豆说："我的原生地在高寒的安第提斯山脉，是远古印提安人发现的。印第安人尊称我为'丰收之神'。到了16世纪末，当老家在南美的我首次抵达欧洲时，没几个人待见我，找个落脚地儿都难。原因竟然是我的'呆头呆脑'的长相，还有'不开化、被征服种族的主要食物'的身世。一句话：说我没文化呗。"土豆说着扮个鬼脸，憨态可掬。

　　"后来怎么翻身的？"豇豆兴趣来了。

　　"后来，朴实的我凭借自己的高产和丰富的营养，很快征服了饥饿中的爱尔兰人，因为在两三公顷贫瘠的土地上，就能生产出养活一大家人和牲畜的土豆。从前不怎么长小麦的耕地，从此可以养活多得多的人口。要知道，当时的良田大都被英国地主霸占，爱尔兰人面黄肌瘦，过着食不果腹的日子。我的'善解人意'，让爱尔兰人如获至宝。种小麦，需要在收割、脱粒、磨面、和面、揉面、烘烤等一系列繁复的工序后，才成为面包。而我，如同种植它一样容易，挖出来直接扔进锅里或火里就可以了。爱尔兰人还发现，我除了能保证优质淀粉所具有的能量外，还富含蛋白质、维生素 B 和维生素 C，唯一缺乏的维生素 A，喝点儿自家奶牛的产品就可以弥补。内秀的我和爱尔兰人日渐强壮的体质，让欧洲权贵也摈弃了对我的不屑，普鲁士的腓特烈大帝、俄罗斯的叶卡捷琳娜女王，纷纷开始下令让本国农民种植土豆。法国国王路易十六在推广土豆这件事上，也不忘展示法国人的浪漫。他先让玛丽王后在头顶戴上白色和蓝紫色的土

润心

豆花环，又在王室的菜园里种植了一大片，白天派士兵看守，晚上悄悄撤走。低贱的土豆，转眼间便荣升为植物贵族。这该是我的生命史上骄傲辉煌的一刻吧。现在土豆片、炸薯条、土豆泥、土豆酱，哪里还少得了我吗？”土豆口若悬河，越说越兴奋。

“我听说以前在英文中有个词组，叫'沙发土豆'，意指整天蜷在沙发上吃零食看电视，极其懒惰的人。”番茄故意找茬。

土豆勃然大怒，说：“是的，这是对我的大不敬，所以英国农民不干了，认为这损害了我的光辉形象，2005年，英国土豆协会的农民为抗议而游行，要求将这个词从牛津词典中剔除。”土豆说到这里，头一昂，又加了一句：“我还有个荣誉，和共产主义事业都有关系。”

这下子不仅是番茄，连南瓜、青菜、茄子等蔬菜都炸锅了。青菜说：“你土豆知道吹牛不上税，到外面去吹吹也就罢了，不要在我们朝夕相处的伙伴这里吹好不好？”

土豆一副受委屈的样子，说：“看来你们对历史知识知之甚少，我和共产主义的关系是苏联布尔什维克的伟大创举，苏联的布尔什维克曾经用土豆烧牛肉把人们带入共产主义的伟大理想之中。这是有档案资料可以查的。”

豇豆摇摇头说：“算了，谁有闲工夫去查档案资料，你就说说什么时候来到中国的？”

土豆一本正经地说：“我是明朝中期来到中国的，传播途径已经没有办法考证。前段时间，华北的山药蛋和广东的薯仔都发信息来，说要编一本家谱，问我有什么意见。我说这个太难了，中国这么大，我们的祖先进来的时间先后不一，连名称都五花八门，怎么能统一编得了家谱呢？最多也是华北的山药蛋编一本山药蛋的分谱，广东的薯仔编一本薯仔的分谱，取得经验后再推而广之，把各地的分谱编起来，为以后编总谱打基础。”

听了土豆的话，蔬菜们七嘴八舌地议论开了，有表示理解支持的，有表示怀疑反对的。南瓜说：“土豆这个主意不错，我去和家族里的同伴商量一下，也编一本。”

润心

豇豆说："你们是不是咸吃萝卜淡操心，想得太多了。"豇豆此话一出，萝卜不高兴了，说你豇豆可以有不同意见，但不要把话说到我身上来。一时间你一言我一语的，平台上蔬菜闹得沸沸扬扬。

　　番茄急了，大声喊叫："我和土豆胜负未决呢，你们要有个说法。"

　　蔬菜们这才回过神来，刚要表决，突然听到茄子发出"嘘"的一声，示意主人上平台来浇水了。蔬菜们马上回归原位，平台上复归宁静。

润
心

秋·桂

　　今日秋分，此时三秋已过半，阴阳相半秋色平分，昼夜均而寒暑平。此处的"分"，即为"半"，这之后，白日渐短，黑夜渐长，气候上正如俗语所说，"白露秋分夜，一夜凉一夜"。

　　秋分季节以五天为一候，古人将秋分分为三候："一候雷始收声，二候蛰虫坯户，三候水始涸。"秋分后，打雷的日子会越来越少；蛰居的虫蚁用泥土封住洞口，阻挡寒气进入；随着降水减少，天气逐渐干燥，河流湖泊进入干涸的季节。

　　秋分时节，秋意正浓，这是一年里最宜人的季节，天高云淡，金风送爽；五谷丰登，果蔬飘香；枫红杏黄，层林尽染；柿熟瓜落，菊黄蟹肥。农民欢庆丰收，不亦乐乎。

　　润园小区的植物岂肯错过这个欢乐日子，纷纷涌到小区公园参与联欢。沙朴来到时，听到黄山栾树正摇头晃脑朗诵"一年好景君须知，最是橙黄橘绿时"的诗。沙朴接上说："湖光秋月两相和，潭面无风镜未磨。"并解释道："这是唐代刘禹锡在秋夜月光下，看着湖面微波不兴，怡然自得时所创作。"

　　一阵掌声后，桂花看着南飞的燕子，心中泛起悠悠思乡之情，吟唱道："燕将明日去，秋向此时分。"

　　紫薇看到桂花，像是想起了什么，拉住她的手，欣喜地说："你来得正好，酷暑已过，我的使命已经完成，接下去就看你的了。"

　　"今年夏天特别热，你在酷暑中，任凭暴日花依然，摇曳生姿如云霞，值得我好好学习。"桂花不停赞美紫薇。

"时过境迁，繁华落尽归平淡，浮云拂去现本真。"紫薇看着桂花，似乎闻到了丹桂飘香，心情舒畅，补充道："桂树婆娑影，天香满世闻。"

沙朴走过来，对着桂花闻了闻，说："不对啊，我怎么没有闻到桂花香呢？"

听沙朴这样一提，杜英也说："是啊，今年中秋节都快过去半个月了，桂花，你怎么还不开呢？"

"你们以为我身上装着开关，能够想什么时候开就什么时候开啊？"望着周围植物期待的目光，桂花实话实说。

"那要什么情况下才能开啊？"植物们急不可耐。

桂花告诉大家，自己开花早晚与秋季降温迟早有关，如果降温早，花期就提前；反之，降温晚，花期就推迟。一般地栽桂花在秋季最低气温低于17℃，累计4天以上，最高气温26℃以上若干天，伴以降水过程，是开花的先决条件，就是说要有一定的温差。

"那就让老天早点来冷空气降温吧。"狗尾草双手合十。

"来冷空气，就不怕冻死你？"乌桕故意吓唬狗尾草。

狗尾草腰杆一挺，大声说："有什么可怕的？大不了我躲到地下去。"

植物们都笑了。枫杨结结巴巴说："那你们是盼冷空气来呢还是怕冷空气来呢？"

"什么盼啊怕的，我敢断定，再过几天，不管冷空气来不来，桂花必然会开得很灿烂。"沙朴打断枫杨的话。

"你凭什么这么有把握？"枫杨不相信。

"再过一周是不是国庆节了？"沙朴反问。

"是啊，这扯得上关系吗？"枫杨还是不明白。

"桂花最讲政治了，国庆节时，我保证一定满城尽飘桂花香。"沙朴拍着胸脯说。

"原来如此，怪不得桂花被评为市花。"枫杨恍然大悟，自叹不如。现场又是一阵掌声。

润心

"可是，我也看到过有些桂花树就是不开花的，那是什么原因？"狗尾草问桂花。

桂花解释说："因为养分不足、光照不足、温度不适等原因，桂花树也会不开花。桂花树喜欢温暖的生长环境，最适宜的生长温度是15℃~28℃之间，当外界温度低于5℃时，植株生长不良，低于-2℃时，植株易被冻伤，冬季温度过低的时候，还必须做好防护措施，有利于其生长。另外，桂花树是喜光植物，有一定的耐阴能力，需将其种植在光照充足的环境中，每天须接受6~8小时的光照，若光照不足，植株生长不良，开花就会减少，夏季光照强烈的时候，需适当遮光，避免植株被晒伤。"

"还有个问题，你会结果吗？"狗尾草又问。

"当然会。"桂花摸着狗尾草的头，满脸慈爱地说："只要条件适宜，我们都会结果。俗话说'铁树开花不常见，桂花结果不稀奇'，而且我们结出的果实称'桂籽'，与'贵子'音同，所以也被人视为吉祥的象征。"

"怎么好事都轮到你，有什么秘诀吗？"狗尾草喷着嘴巴，羡慕极了。

桂花告诉大家，自己只顾耕耘，不问收获。岁月轮回，春华秋实，辉煌过后又是一季，要以平常心境面对未来。桂花最后说："什么都可以不好，心情不能不好。什么都可以缺乏，自信不能缺乏。什么都可以不要，快乐不能不要。"

阵阵掌声中，公园里植物们的联欢渐入佳境。

江峡秋王

2022年9月24日清晨，生活在江山市峡口镇王村官山底"江峡秋王"柿园基地的甜柿们一早就叽叽喳喳地嚷嚷开了，甜柿围聚在一起，兴奋异常。吵闹声把柿园旁边的松树吵醒了，松树很好奇，就跑过来探问："你们这是怎么了，今天有什么特别地喜事？"

柿园中走出甜柿王，喜形于色地对松树说："你是我们的邻居，和你说说无妨，我们基地今天要来客人了。"

"这有什么好激动的，我看你们基地平时进进出出的客人不是也很多吗？"松树摇摇头，还是不理解。

"这些客人不一样，他们是我们主人江山恒昇生态农业开发有限公司董事长陈荣特地请来的，听说都是些诗人作家，满腹经纶，有些还是从省城来的。今天来这里聚会，我们很想见见他们，听听他们能吟出什么好词好句来。"甜柿王一本正经地说。

松树满脸羡慕之色，说："有这样的好事？我长这么大，还没有见过作家诗人呢，更别提来自省城的客人了。"

"有好'柿'才有好事。"甜柿王豪气冲天。

"这倒也是。"松树点点头，话题一转，说："久闻你们老板陈荣的大名，偶尔也看到过几次，他到底是何许人也？"

"说起我们主人，他的故事三天三夜也说不完。简单和你说吧，他是江山籍企业家，大学毕业后在衢州、杭州、绍兴等地创业，靠着自己的聪明才智及

润心

勤劳努力，在环保化工领域卓有成效。致富后反哺家乡，带领乡亲们走共同富裕的道路，在家乡投资，建立了甜柿基地、林下黄精基地，还有菌菇基地。比如在这里，他带领大家冬施基肥、春催花蜜、夏锄杂草、秋收硕果，将自己儿时对柿子的深切记忆与思乡助农的情怀糅在一起，用汗水育成了柿，用时间凝成了诗。"甜柿王侃侃而谈，钦佩之情溢于言表。

"太佩服了，我看近朱者赤，你也被感染了，变得诗意盎然了。"松树连声夸赞。

甜柿王正要回答，听到小柿子在叫他，就和松树握手告别，跑回基地。

见甜柿王回来，小柿子对他说："我们这里的柿树们已经集合完毕，听候你作指示。"

甜柿王望着面前金黄锃亮的大片柿树，激动地问："柿树们，老板对我们好不好？"

"好！"柿树们群情振奋，齐声回答。

甜柿王示意大家静下来，接着说："我们柿子的一生很不容易，既需经受气候的考验，也要防止鸟儿的贪嘴，在柿子还是翠绿青涩模样的时候，主人就像父亲呵护女儿一般，为夏日里的'少女'穿防晒衣，打遮阳伞；在烈日曝晒的七八月，五十多万只袋子，套在我们身上，为满山的'女儿们'穿上了保护衣。天热了给我们浇水，天冷了给我们住暖房，悉心照料我们，我们不愁吃不愁穿，该如何报答他呢？"

"那还用说，开最美的花，结最好的果。"柿树们异口同声地回答。

"好，今天，主人请来了贵宾，主人的朋友就是我们的朋友，我们一定要将最美好的一面展示出来，迎接主人从远方来的客人，为主人争光。"甜柿王语气坚定。

"你就说我们该怎么做吧？"有小柿子举手提问。

"今天来的都是文化人，在他们眼里，什么都富于诗意，我们全身的果、叶、花、枝，都是很可爱的。因此，今天我们就尽情发挥，能唱歌的就唱歌，能跳舞的就跳舞。总之，面带微笑，用真诚迎接客人。"甜柿王挥舞着双手，

润心

鼓动大家。

柿子们都被甜柿王感染了，现场响起阵阵掌声。"我们是江峡秋王。"柿子们振臂高呼。这时，有小柿子跑来报告，说是客人们来了。

甜柿们全部提起精神，雄玖玖气昂昂地列队恭候。到达现场的有省城诗人余刚、吕煊、纪晨、王小青，还有江山市文联原党组书记李治本、作协主席周建新等近20位诗人。他们来这里现场采风，吟诗作赋，举行"柿叶翻红江峡景，水雪为心惟秋王"主题诗会，为乡村振兴奏响文化与农业相融合的"好柿遇见好诗"精美乐章。

看到这些文化人聚在一起，那个欢乐场面，甜柿们也羡慕不已，暗暗惊喜，今天终于见到了鼎鼎大名的作家诗人，果然名不虚传。柿子们窃窃私语，甜柿王示意大家保持安静，注意听他们说些什么。

诗人们果然了得，出口成诗。著名诗人余刚脱口而出：

柿子，有火红色，也有饱满的青色

它们是如此的晶莹剔透

柿子，有软柿，也有硬柿

它们是两种口味，两种成熟的形态

著名诗人吕煊赞美道：

柿子是有故乡的

她也经历了海外漂泊和回归

江山人陈荣是迎接她的王子

他在江山峡口镇王村的山岙

种下了自己的爱情

美女诗人王小青诗兴大发，禁不住感叹：

人生如柿 岁月静美

满坡的柿树澎湃着别样的风骨

每当秋天柿子树上灯笼高挂

那是漂泊的游子回家的灯塔

润心

当诗人对"江峡秋王"赞叹"衣裳雪白，心如黄橙，你缠得住秋色，怎能缠得住我金色的惊喜！"时，柿子们听得如痴如醉，真想跳出来和诗人握手言欢。

突然，甜柿王听到客人们要认养柿树，每位文化人都想认养一棵柿树，就是说，认养后，这棵柿树不仅是陈荣的"子女"，也是认养人的"子女"。甜柿王马上把这个好消息微信转发给每株柿树，要柿子们各就各位，待在树上，展示出自己最美的风采，迎接新主人的到来。

柿树们得知自己山里妹有可能变成城里妞，别提有多激动了。等到文化认养牌子挂在胸前，顿觉身价倍增，有很多话想和人们说，好想拥抱他们，千言万语归结成一句话："'柿柿'如意，把好'柿'带回家。"

润心

咏　柳

　　秋天到了，大树上的叶子有的变红了，有的变黄了，一阵秋风吹过，一片一片树叶从树枝飘落下来。草地上的小草和小花也变黄了，小区公园边的菊花开了，有黄的、有白的，还有紫色的。秋天的景色是绝美的。

　　吃过中餐，沙朴就急匆匆来到润泽馆聚会，走进大门，他就听到老槐树在摇头晃脑地吟唱：

　　昔我往矣，杨柳依依。今我来思，雨雪霏霏。

　　行道迟迟，载渴载饥。我心伤悲，莫知我哀。

　　沙朴听了几句，没听明白，就问老槐树在唱些什么？老槐树告诉他，这来自《诗经·小雅·采薇》，是里面一首诗的节选。看到沙朴茫然的样子，老槐树问："《诗经》，你知道吗？"

　　"我只知道《诗经》是中国第一部诗歌总集，是中国古代诗歌的开端，到现在都几千年了，我哪能知道你吟唱的是什么意思？"沙朴挠挠头皮。

　　"没有文化真可怕。"老槐树摇摇头，四处看了个遍，发现雪松也在，就招手让他过来，说："你用白话文解释一下。"

　　雪松听老槐树复吟了一遍，说："我试着翻译了出来。"

　　回想当初出征时，杨柳依依随风吹；

　　如今回来路途中，大雪纷纷满天飞。

　　道路泥泞难行走，又渴又饥真劳累。

　　满心伤感满腔悲，我的哀痛谁体会！

雪松翻译完，只听得旁边传来抽泣声。植物们静下来仔细找寻，发现垂柳正在用湿巾纸擦眼泪。沙朴忙问："你这是怎么了？"

垂柳眼圈红红的，欲言又止，伤心不已。广玉兰说："垂柳被《诗经》里的记录触动了。你们看，从本来柳丝轻柔地随风摇曳、轻松愉快的生活到大雪纷纷、道路泥泞、又渴又饥、满腔伤感的现实，垂柳的哀痛谁能体会呢？"

"这一切为什么会发生？"沙朴还是不理解。

"为什么？还不是因为战争，你没看到'出征'两个字？"广玉兰呛沙朴。

众植物议论纷纷，无不认为现在的和平稳定环境来之不易，应该加倍珍惜。沙朴转身安慰垂柳，说："好在那都是过去的事了，你也不要太伤心了。既然你在这里，不如你现身说法，介绍一下自己。"

这时，垂柳的心情也平静下来了，他甩了甩长发，说："我是杨柳科柳属的高大落叶乔木，因为我分布广泛，是常见的树种之一，你们哪个不知道啊？还用得着我多说吗？"

见垂柳不肯多说，枫杨站出来说："我和垂柳是邻居，对他比较了解，我来补充几句。垂柳也是园林绿化中常用的行道树，因观赏价值高，成本低廉，深受各地绿化喜爱。主要分布在浙江、湖南、江苏、安徽等地。前段时间，西湖边几棵柳树被移走引起众怒，想必你们都听说了吧？"

润心

"这种没有文化的事你少说，我们还是多说说柳诗吧。"雪松打断了枫杨的话。

"要说柳诗，我觉得唐代王维的《送元二使安西》写得很好。"广玉兰说着吟诵道：

渭城朝雨浥轻尘，客舍青青柳色新。

劝君更尽一杯酒，西出阳关无故人。

"我们该如何赏析这首诗？"沙朴问。

"老朋友即将远行，将赴满地黄沙的边疆绝域，此时一别，不知何时才能相见，千言万语无从说起，能说出口的只有一句，喝下这杯离别的酒吧。依依惜别之情，所有的关怀与祝福早已融进了这一杯酒中。"广玉兰说得情真意切。

现场响起一阵掌声，但沙朴不满意，埋怨广玉兰是哪壶不开提哪壶，前面提战争已经让垂柳伤心了，现在又提离别，岂不是火上浇油。

广玉兰正要解释，桃树抢先说："我来说说开心的，要说写柳树写得好，我最佩服唐代的贺知章，他的《咏柳》将柳树写得惟妙惟肖。"

"他是怎么写的？"沙朴催促道。桃树神采飞扬，边唱边跳起来。

碧玉妆成一树高，万条垂下绿丝绦。

不知细叶谁裁出，二月春风似剪刀。

"你也解读一下。"沙朴再提要求。

"这是一首咏物诗，通过赞美柳树，表达了诗人对春天的无限热爱，诗的前三句都是描写柳树的。首句'碧玉妆成一树高'是写整体，说高高的柳树像是由碧玉妆饰而成，突出它的颜色美。第二句'万条垂下绿丝绦'是写柳枝，说下垂披拂的柳枝犹如丝带万千条，突出它的轻柔美。第三句'不知细叶谁裁出'是写柳叶，突出柳叶精巧细致的形态美。三句诗分写柳树的各部位，句句有特点。而第三句又与第四句构成一个设问句。'不知细叶谁裁出？'是自问；'二月春风似剪刀。'是自答。这样一问一答，就由柳树巧妙地过渡到春风。说裁出这些细巧的柳叶，当然也能裁出嫩绿鲜红的花花草草。它是自然活力的象征，是春的创造力的象征。这首诗就是通过赞美柳树，进而赞美春天，讴歌春的无限创造力。"

现场又爆发出一阵掌声，沙朴问垂柳要来一条柳枝，对桃树说："你解读得太好了，我折柳相赠。"说着硬要将柳枝塞给桃树。

"你这是要送别我吗？我不走，我要和柳树在一起，谁不知道桃红柳绿，我们俩是不可分离的。"桃树连忙推开沙朴。

沙朴急了，急中生智，突然冒出一句："那是春天，现在秋天哪来的桃红柳绿？"

"只要心里有爱，天天都是春光明媚，围绕在身边的花草树木，就是自己的诗和远方。"枫香总结性的讲话引爆了全场。

润心

秋　雅

　　国庆长假第一天，天高气爽，风和日丽。午后，沙朴来到小区润泽馆，看到秋菊、秋葵、秋海棠、秋子梨、秋水仙等植物围坐在一起，惊讶道："好一个'秋'字了得，今天是你们'秋'家军聚会吗？"

　　"秋天，难道不应该我们'秋'植当主角？"秋菊笑着反问。

　　"应该，应该，那我沙朴改名秋朴，也参加你们组织好了。"沙朴和"秋"植套近乎，引得润泽馆里植物一片笑声。只有老槐树坐在旁边不停摇头，似乎不甚满意。

　　"老槐树，我看只有你摇头叹息，你有什么话就直说吧。"沙朴也不客气，直截了当点将。

　　老槐树见沙朴指名道姓要他说话，知道推托不了，就走上前来，对着"秋"植说："我想说的是，秋天的名字是各式各样丰富多彩的，'秋'植是不是在这方面要下点功夫。"

　　"什么？秋天就是秋天，难道还能有其他称呼？"秋葵疑惑不解。

　　老槐树说："秋天美，它的名字更美，掌握秋天的雅称，你们的生活会更有乐趣。"

　　"快说来听听。""秋"植们全都围过来。

　　老槐树不紧不慢地说："秋季有三个月，分别称为孟秋七月、仲秋八月，季秋九月，合称三秋。其中七月又称为初秋、早秋、新秋、上秋、兰秋、肇秋；八月称为正秋、中秋、仲秋、桂秋；九月称为晚秋、凉秋、暮秋、深秋、穷秋、

润
心

耕秋。整个秋季约为90天，共分九旬，故秋天有九秋之称。"

"哇，有这么多'秋'啊。你怎么知道的？"沙朴惊叹不已。

"先贤说得很明白，张协《七命》中'唏三春之溢露，溯九秋之鸣飙'提到九秋；王勃《滕王阁序》中'时维九月，序属三秋'提到三秋。"老槐树解释。

沙朴还要再问，被秋海棠阻止，要他听老槐树讲下去。

老槐树继续说："《管子·幼官》中有'九和时节，君服白色，味辛味，听商音'。古代以九为金的成数（比率），秋属金且气和，所以称秋季为'九和'；因秋在五行中属金，故有'金秋''金天''金素'之称。陈子昂诗曰'金天方肃杀，白露始专征'；王维诗曰'金天净兮丽三光，彤庭曙兮延八荒'；谢灵运称'述职期阑暑，理棹变金素'；李善注解说：'金素，秋也。秋为金而色白，故曰金素也。'杜甫《秋兴》'瞿塘峡口曲江头，万里风烟接素秋'称秋天为素秋；王绩'忽见黄花吐，方知素节回'称秋天为素节，指重阳节。欧阳修'我来夏云初，素节今已届'中也提到素节；另外，因秋天天高气爽，也叫爽节，谢朓'渊情协爽节，咏言兴德音'，李适'爽节在重九，物华新雨余'都提到爽节。"

沙朴惊叫："这么多啊，怎么记得住？"

"记不住你就拿纸笔先写下来。"秋水仙一边记录，一边提醒沙朴。

老槐树喝了几口水，接着说："《尔雅·释天》中称秋为旻天，谢灵运有诗'秋岸澄夕阴，火旻团朝露'；初秋时西流隐没，故为秋候。'九旻''西旻'也是秋季的别称。韩鄂有诗'重阳佳辰，九旻暮月'；又因西方曰颢天，秋位在西，故秋天也称'西颢'，刘禹锡'授钺于西颢之半，策勋于北陆之初'中的西颢就指秋天；秋季称'西旻'是因为秋季位在西方，汤显祖'夫何山中之一兽兮，受猛质于西旻'里提到过。"

"还有完没完，我手都写酸了。"沙朴抱怨。

"还有呢！"老槐树按照自己的思路说："西陆为二十宿之一宿的别称，古人认为太阳运行到西陆，就到了秋天。骆宾王有诗'西陆蝉声唱，南冠客思深'提到；因为秋天的肃杀无情，所以秋季又称'凄序''萧辰''清秋'。庾信'叶黄凄序变'；岑参'千念集暮节，万籁悲萧辰'；柳永'多情自古伤离别，更哪堪，冷落清秋节'等诗词中分别有记载。"

老槐树说累了，停下来喘了几口气，不待沙朴开口，紧接着介绍："秋天桂花盛开，故'桂序''桂秋''桂月'都用来表示八月之秋；庾信诗'霜天林木燥，秋气风云高'中的霜天亦指秋天；古以五音配合四时，商音凄厉，与秋天肃杀之气相应，秋故名商秋。潘尼'商秋授气，收毕敛实'；陆机'商秋肃其发节，玄云霈而垂阴'均提到；秋还称商序、商节、白商、素商、高商。马元常留诗'素商凄清扬微风，草根之秋有鸣蚕'；按五色学，秋色为白，秋又是收获储藏季节，故秋称之为白藏。《尔雅·释天》有'秋为白藏'；梁元帝称'秋曰白藏，亦曰收成'；秋天还有白茂之雅称，有诗云：'世间温柔，不过是芳春柳摇染花香，槐序蝉鸣入深巷，白茂叶落醉故乡，隆冬六出缀心房'；另外，火星为夏季星空南天之标识，故以'火落'谓炎暑消失，初秋来临。乐府诗'云高火落，露白蝉寒'；李白诗'当君相思夜，火落金风高'中的'火落'都指秋天。"

说到这里，老槐树问："秋天的雅称还有不少，你们还要听吗？"

"你也讲累了，留着以后再讲吧。"沙朴抢先说。

"一秋多别称，描不完的美景，品不尽的意境。今天受益匪浅，谢谢老槐树对'秋'之雅教，我们'秋'植请你吃饭。"听秋菊这样说，"秋"植簇拥着老槐树走出了润泽馆，身后响起一阵掌声。

润心

植物的思想

经过一段时间的发动，润园小区植物的学习积极性被充分调动起来，爱读书善思考在植物中蔚然成风。为了检验学习效果，负责小区植物业委会的香樟王和助手银杏、枫香商量后，决定利用国庆长假时间，举行一场座谈会。

座谈会在植物业委会会议室举行，应邀参加的植物代表有雪松、槐树、沙朴、毛竹、松树、桂花、红叶石楠、紫薇、佛手、狗尾草等20多种。会议由香樟王主持，他简要说明开这次会议的背景及主题后，就请与会代表谈谈学习心得。

红叶石楠年轻，首先发言。她说："我这段时间一直在学习研究王阳明的心学，王阳明四句教：无善无恶心之体，有善有恶意之动，知善知恶是良知，为善去恶是格物。我觉得说得太好了。他的良知、格物、知行合一等学说值得大家好好学习。"

香樟点点头，示意下一位。紫薇接着说："我喜欢程朱理学，其根本特点就是将儒家的社会、民族及伦理道德和个人生命信仰理念，构成更加完整的概念化及系统化的哲学及信仰体系，并使其逻辑化、心性化、抽象化和真理化。这个很有指导意义。"

第三个发言的是佛手，他一本正经地说："你们观我形，听我名，就知道我推崇佛学了。因为佛理强调有果必有因。生命，就是在烦恼的支助下，由所造作的行为带来的结果。没有了因，就不会有果。没有了烦恼，就不会有生死轮回，就不会再有苦。佛教的目的在于灭苦——让苦完全地止息。要灭苦，要

润心

解脱生死，就要致力于断除烦恼。因此，修学佛教的目的在于断除烦恼。"

佛手还要说，被香樟王阻止了。桂花见状，马上接上来说："我也汇报一下，我学的是儒学，提倡孔孟之道，指以孔子、孟子为代表的儒家思想和理论体系。弘扬和践行仁、义、礼、智、信等德行；弘扬中华之德道：即厚生爱民，公平正义，诚实守信，革故鼎新，文明和谐，民主法治之道。"

雪松认为儒学太迂腐，倡导道法自然。雪松说："人法地，地法天，天法道，道法自然。其真实意义是：'人效法大地，地效法上天，天效法道，道效法着整个的大自然。'也就是说，整个大自然，都是在'道'的管理下，按照一定的法则在运行着。"

见毛竹坐在那里默不作声，香樟王点名让他也说说。毛竹说："我有空时就读读《易经》，它亘古常新，相延数千年之久依然具有价值，古代中国学者的哲学思考，通过对易经的研究得到启发，易经对人类文明的起源，起到了乐曲般的推动作用。"

后面的植物有谈到神农氏的，有谈到大禹治水的，有谈到炎帝黄帝的，讨论得很热烈。银杏将大家说的归纳为哲学和科学两大类。

见大家说得差不多了，香樟王说："前面大家都说得很好，说明你们的学习是认真的，也是有成效的，有些观点我听了后很受启发，这是值得肯定的。"

见植物们喜笑颜开，香樟王话锋一转，说："但是，这里有个方向性问题。刚才银杏提到哲学和科学两大类，我觉得哲学和科学是分不开的，哲学为科学指路，科学为哲学纠偏，两者相辅相成，滚动式前进。"

见植物们静静地听着，香樟王喝了几口水，接着问："说到哲学，哲学的三大经典问题：我是谁？我从哪里来？我要到哪里去？你们能回答吗？"

听香樟王这样问，植物们七嘴八舌说开了，我是谁？我们是植物！我从哪里来？我要到哪里去？我们生活在地球上，生于斯，长于斯，我们哪里也不去，就在地球上。

见大家议论纷纷，香樟王挥挥手，示意大家静下来。他说："我不要求大家能说清这些问题，我也承认人类特别是中华民族具有许多优秀文化遗产值得我们学习。但是我想问红叶石楠，你所学习研究的阳明心学至今多少年了？"

红叶石楠没想到香樟王会这样提问，一时语塞，结结巴巴地说："大概 500 多年吧。"

香樟王也不较真，转问紫薇程朱理学的年代。紫薇回答说有 800 年历史了。香樟王说："很好。再往前推，儒道释诸子学说，也就 2000 多年吧，易经也就 3000 多年吧。我们不说具体的学说，我把范围扩大，再问一句，人类的文明史是什么时候开始的？"

植物们你看看我，我看看你，有的说 5000 年前，有的说 8000 年前，还有的说恐怕有上万年了。香樟王大手一挥，接着问："我们植物呢？在地球上生活了多少年了？"

植物们不明白香樟王葫芦里卖的什么药，有说植物生活了一亿多年了，有说几十亿年了，反正谁也说不清。

"那地球呢？又存在了多少年了？"香樟王继续问。

"那就更长了，这是科学家研究的事，你提这个干什么？"沙朴忍不住，反问香樟王。

香樟王一脸严肃地说："我想说明一个道理，在人类出来之前，植物早就有了，同样，植物之前地球也早就存在。春夏秋冬，东南西北都是客观存在的，只不过早先人类不知道罢了。而日月星辰、沧海桑田是不以人们的主观意志为转移的，就是说，离开了人类，甚至离开了植物，地球照样转。"

乘香樟王喝水时，银杏插话："香樟王的意思是，和我们植物相比，人类似乎还属于婴儿期，嫩得很。植物在人类创造文字学会说话之前早就活得很滋润了。"

香樟王点点头，说："是这个意思，往远处看，我们以亿年为单位的植物，经历了多少次天翻地覆，都能让大地郁郁葱葱，生机盎然。而以千年为单位的人类，不断的战争、掠夺，你争我斗，一刻都不消停。孰是孰非还不清楚吗？"

"那往近处看呢？"见香樟王停住了，狗尾草等不及，催问道。

香樟王慈爱地看着狗尾草，缓缓说道："往近处看，像你狗尾草，野火烧

润心

不尽，春风吹又生，有旺盛的生命力；像松树，在贫瘠的石缝中能巍然屹立，茁壮成长；像荷花，洁身自好，出淤泥而不染；像毛竹，全身都是宝，为人类提供吃的、穿的、用的。我们吃的是草，吐出的是奶，是真正的老黄牛。我们什么时候拒绝过奉献了吗？没有！我们向人类提出过额外要求吗？没有！而人类呢，在干什么？在造核武器。"香樟王自问自答。

听到这里，全场鸦雀无声，植物们都震撼了。狗尾草耐不住，说："真发生核战争，首先毁灭的一定是人类，凭我们植物的顽强意志力，定能浴火重生。"

"我们不要战争要和平，我最见不得生灵涂炭了。"枫香情绪激昂。

"我们能做些什么？"有植物问。

香樟王说："亿万年来，我们植物可歌可泣的事情太多了，人类对我们的了解还是肤浅的。我们是自己的主人。植物每时每刻都不忘采日月之精华，为大地添光彩，这里面有多少文章可写？"说到这里，香樟王自己都激动得说不下去了。

银杏总结说："今天香樟王提出了一个新课题，这就是我们植物的哲学，我们植物的思想，我们要学习好，研究好，贯彻好。接下去我们要大张旗鼓地宣传好植物，歌颂好植物。座谈会到此结束。"

润心

花生和黄豆

小区屋顶平台上不仅种了番茄、土豆等蔬菜，还种了花生、黄豆等粮食作物。番茄和土豆经常拌嘴，争来吵去也没有分出上下。花生不和番茄、土豆争，却老是和黄豆过不去。这不，今天清晨，花生和黄豆又怼上了。

只听花生说："黄豆是个小不点，我个儿比黄豆大。"

"你不懂什么叫小巧玲珑吧？再说了，我个儿虽小，但总产量比你大多了。"黄豆反唇相讥。

"总产多有什么可炫耀的，你没听说过物以稀为贵？"花生不甘示弱。

"那我是土货，你是洋货，你又怎么说？"黄豆步步紧逼。

"外来和尚好念经。"花生哈哈大笑。

"那你为什么要躲在地下结果，有什么见不得人的？"黄豆以为抓到了花生的软肋，得意洋洋。

"那是我低调，充分利用空间。不像你披金戴银，生怕别人不看见，不害羞吗？"花生反将一军。

黄豆："我的豆瓣酱味道好极了。"

花生："花生酱味道更胜一筹。"

黄豆："我可以煮着吃、炒着吃，和其他蔬菜混合在一起吃。"

花生："这些我全都可以，并且我还可以榨花生油。"

黄豆："黄豆油也不差。"

这样你来我往地斗了几个回合，听得向日葵烦了。向日葵说："你们不是比外表，就是比吃的，有点文化好不好？"

"我身上包含民俗文化，花生是民间结婚时的吉祥物，寓意早生贵子。"花生嘻嘻笑着。

"照你这么说，我大豆寓意大头儿子，也讨人喜欢。"黄豆不甘落后。

"你们还是比一比吧。"向日葵征求双方意见。

"没问题，你说要怎么比？"花生和黄豆异口同声问。

"这样吧，你们用几句诗描述下自己。"向日葵提议。

"这个不难。"花生略一思索，吟出四句："青梗绿叶开黄花，泥沙底下做人家。粗麻色泽硬壳子，粉红袄子白胖子。"

"小菜一碟。"黄豆说着也诵出四句："有个小孩不太高，浑身上下挂荷包，荷包里面包黄金，要收金子使劲敲。"

向日葵点点头，说："不错，那你们各出一个说自己的谜语吧。"

这次是黄豆先来，他先吟出四句："有个矮将军，身上挂满刀，刀鞘外长毛，里面藏宝宝。"吟完后，乐呵呵地说："这个谜底就是我黄豆。"

花生毫不含糊，随即诵出谜底为花生的四句谜题："麻布衣裳白夹里，大红衬衫裹身体，白白胖胖一身油，建设国家出力气。"

向日葵笑着说："看来这个太简单了，难不倒你们。你俩各讲一个有关自己的故事吧！"

花生抢先说："前面黄豆怨我躲在地下，那是对我太不了解，我正想说说清楚。事实上，以前的花生大小和现在的差不多，但是它既没有包着花生仁儿的薄红皮儿，又不在土里生长，而是像四季豆角那样吊在花生秧子上。"

"有这种事？是怎么变成现在这样的？"连向日葵都好奇了。

花生说："我的故事和骆宾王有关系。"接着说起了关于落花生的传说。

很多年以前，有一对姓骆的夫妻，儿子才十来岁，一家三口人只有半亩地，一年到头起早贪黑，才勉强能维持生活。骆家的地种着花生，在离村一里多的山脚下。这地方乌鸦特别多，每当花生开花结果的时候，它们就成群结队地飞来啄食。骆家地少，一家全靠种花生换粮糊口。他父亲体弱多病，不能干活，母亲既要伺候父亲，又要操劳家务，只有让孩子来看花生了。孩子每天天一亮就去撵乌鸦，中午吃点干粮，喝点凉开水，一直到太阳落山才能回家。这孩子很爱读书，但照这样下去，哪里有时间看书啊？

有一天中午，天气非常热，孩子又在地里看花生，忽听到不远处有人呼救。他跑过去一看，原来是个瘦骨嶙峋的老头跌倒在地上，他的头发、眉毛、胡子都是白的，脸上沾满了汗水和尘土，样子很难看。他趴在地上一边痛苦地呻吟，一边挣扎着，可就是站不起来。孩子看他那么大年纪怪可怜的，就慢慢地把老头扶起来，然后轻声问："老大爷，你怎么啦？"老头有气无力地说："我去闺女家，走到这，又热又渴又饿，就摔倒了。"孩子赶紧拿出手巾让他擦汗，又把水递给他喝，把篮子里的干粮送给他吃。

吃饱喝足了，老头说："我要走了，你到前边树林里给我砍一根不粗不细、不长不短的木棍，我好当拐杖。"骆家孩子就拿起一把柴刀跑进树林。他挑了又挑，拣了又拣，砍了一根不长不短、不粗不细的木棍，又把它刮得光溜溜的，双手递给老头。老头接过木棍，说了一声："好孩子！"忽然，平地起了一阵清风，那老头不见了。孩子大吃一惊，只见地上放着一张纸，上面压了一块会发光的石头，纸上写着："好孩子，我是本地的山神。你在太阳落山以前，把这块宝石埋在花生地中间，就会得到好处的。要记住：一是必须埋三尺深。二要用手来挖。"孩子很高兴，他拿起宝石走进花生地。奇怪！满地的花生都朝宝石点头，像磁石吸引铁末一样。他挖呀挖，不一会儿就挖了一尺深，因为上面是沙土，容易挖。再往下就难挖了，那是黏土和碎石块。他挖呀挖呀十指头都磨破了，往外渗着血，每挖一下，指头就像针一样从手上一直疼到心里。当他挖好坑，埋上宝石，填上最后一捧土时，太阳正好落山。

第二天，孩子来到花生地一看，奇怪的事情发生了：花生都钻进土里藏起来了。就连那些刚开花的花朵、花冠，一掉下来也马上钻进沙土里了。乌鸦看不见花生，就一群一群地飞走了。从那以后，孩子不用看花生了，可以有时间专心读书了。

花生成熟的季节到了。各家各户的花生都因为乌鸦偷吃而减产，只有骆家

润心

的花生获得了好收成，而且籽粒饱满，花生仁上还包了两层红色的薄皮，传说那是孩子埋宝石时手指出血染成的。从那以后，全村人都买骆家的花生做种子。原来的花生品种慢慢地绝迹了，骆家的花生种一直流传到现在，所以人们称它为"落（骆）花生"。

骆家的孩子由于刻苦读书，虚心好学，后来成了著名的文学家，他就是有名的"初唐四杰"之一骆宾王。

花生的故事说完了，向日葵大受感动，他感慨万千地说："有志者事竟成，原来落花生是这样来的，满满的正能量啊。"说完提醒黄豆讲自己的故事。

黄豆心想，要论故事的励志和精彩，自己一定比不过花生，必须另辟新径。他眉头一皱，计上心来，不慌不忙说出下面一番话。

这世界上卖豆子的人是最快乐的，因为他们永远不必担心豆子卖不出去。假如他们的豆子卖不完，可以拿回家去磨成豆浆，再拿出来卖；如果豆浆卖不完，可以制作成豆腐；豆腐卖不成，变硬了，就当豆腐干来卖；豆腐干再卖不出去的话，就腌起来，变成腐乳。还有一种选择是：卖豆人把卖不出去的豆子拿回家，加上水让豆子发芽，几天后就可改变成豆芽；豆芽再卖不动，就让它长大些，变成豆苗；如果豆苗还是卖不动，再让它长大些，移植到花盆里，当作盆景来卖；如果盆景再卖不出去，就把它移植到泥土中去，让它生长，几个月后，它结出许多新豆子，一颗一颗变成上百颗豆子，想想那是多么合算的事。

"黄豆，你说这些想揭示什么道理？"向日葵问。

黄豆说："从这里看出，豆子在遭到冷落的时候，有那么多精彩的选择，我们现在还有什么好忧虑的呢？我们活在世界上，看似长久，其实只有那么三天——昨天、今天、明天。昨天过去了，不再烦恼；今天，正在过，不用烦恼；明天，还没到，更是烦不着。一切的烦恼都会迎刃而解，今天的担忧一切都让它通通过去吧！"

听黄豆说到这里，向日葵大为惊讶地说："黄豆说得太好了，可以做哲学家了。"说完，转身欲走。

花生急了，一把拉住向日葵，说："你别走，我们的比赛还没有完呢。"

"你没看到太阳出来了，我要去晒太阳了。"听向日葵一说，平台里的植物都看到一轮红日正冉冉升起，于是大家都转身去沐浴阳光，尽情享受。

微风吹拂，平台复归宁静。

润心

香榧和山核桃

　　香榧和山核桃是哥儿俩，他们有许多共同点，都是高大乔木，主产区都在浙江，都是山区农民的摇钱树，连采摘季节、加工方法、营养价值等方面都很接近。正因为如此相似，又排在浙江数一数二的干果行列，那问题就来了，谁是老大呢？为此，哥儿俩一见面，总要怼上几句。

　　这天，香榧和山核桃又见面了。山核桃头一昂，来一句："瞧你那个尖头尖脑的样子，什么德性？"

　　"这你就不懂了，这叫有棱有角有个性，符合我们香榧中心产区诸暨、东阳、嵊州人的性格特征，不像你山核桃，圆滚滚的，滚来滚去没主见，一会儿说自己是浙江的，一会儿又说是从安徽过来的。"香榧反唇相讥。

　　"这叫随机应变，与时俱进，和你这木头木脑的说不清楚。"山核桃不甘示弱。

　　这样一言不合就吵了起来，恰好银杏路过，香榧和山核桃都拉住银杏，要他评评理。

　　银杏很耐心地听完了事情的起因，并不急着表态，而是拉着他俩坐下来。银杏先问香榧："你这个香榧之名是怎么来的？"

　　香榧说："我们香榧历史悠久，有许多美丽的传说，更为香榧蒙上了一层神秘的色彩。相传公元前 210 年，秦始皇嬴政东巡来到诸暨，前往会稽山，命令宰相李斯刻石记功，世称'会稽刻石'。当地官员奉上特产珍品香榧，秦始皇还没有见到香榧果就闻到了香味，金口品尝后，果仁松脆可口，又香又甜又

润心

鲜，龙颜大悦，便问道：'这是什么果？'县官回答说：'这是柀子。'秦始皇赞叹道：'这个果子异香扑鼻，世上罕见，叫香柀如何？'众人忙齐声附和：'谢圣上隆恩赐名！'从此，会稽山一带的榧农叫柀子为香柀，因当地'柀''榧'音接近，后来又改叫香榧。"

听完香榧的介绍，银杏点点头。又转问山核桃其名有何来历。

据山核桃说，很久以前，在浙皖交界某山村，山伢和核桃从小"青梅竹马"。山伢十二岁时，父亲积劳成疾离开人世，第二年，母亲也随父而去，山伢成了一名孤儿。核桃妈对山伢说："伢子，不要伤心，今后，你就是我的儿子……"站在一旁的核桃姑娘脸上泛起了红润，心里美滋滋的。

长大成人后，山伢长得英俊健壮，核桃长得美丽动人，大家都夸这对年轻人"男才女貌"。山伢与核桃十八岁那年，核桃妈突然双目失明，山伢与核桃急得像热锅上的蚂蚁。他俩四处打听，八方求医。有一天，山伢听说南方山里有一树，树上的果子能治双目失明，他高兴万分。为了使母亲重见光明，山伢与核桃商定，同赴南方山里寻药治母。临行前，核桃妈把山伢与核桃叫到面前，让他们结为夫妻。

第二天，山伢与核桃出发寻药救母，他们走过春天，迎来夏日；走进秋天，又来到冬季。渴了喝山泉水，饿了摘野果充饥。鞋子走破就光着脚走，实在走不动就折根树枝当拐杖。不管多苦多累，山伢与核桃的心总是热乎乎的，一路手牵手，心连心，跋山涉水，披荆斩棘。在满天雪花的一天晚上，饥寒交迫的核桃终于病倒了，高烧不退。就在这夜，破庙里突然一亮，只见一位白衣观音站在他俩面前，轻声细语说："我跟随你们数日了，你们是一对孝男孝女，现将这两颗果子拿着，一颗给你母亲服用；另一颗栽下，来年发芽、长大、结果后，再拯救别人吧！"说完便飘然而去。山伢惊呆了，核桃姑娘手捧两颗果子欣喜若狂，顿时，烧也退了，病也好了，高兴地与山伢子抱成一团……

山伢与核桃回到村里，剥开一颗果子，取出桃仁给母亲服用，第二天，母亲的眼睛又能看见东西了。山伢牢记观音菩萨的话，选了一块肥沃土地，种下另一颗果子。由于精心护理，那果子长出了新芽。到了秋天，这棵小树长得十

润心

分茂盛，树上结满了果子。山伢与核桃将果子送给村民。后来山伢又将独木繁殖成了一片树林，村民吃了这种果子，个个精神抖擞，身强体壮，都说这种果子是健康果。为了纪念这对舍己救母，为民造福的青年夫妻，村民以山伢与核桃的名字命名，叫此果为山核桃。

听完山核桃的故事，银杏还是不下结论。他问香榧："你说说'西施眼'是怎么回事？"

香榧说："自古吴越多美人。西施是浙江诸暨人，她不但有闭月羞花之貌、沉鱼落雁之容，而且还很有智慧。西施小时候，与邻里姐妹们一起去城里玩耍，她们走进一家店铺，见店里山货琳琅满目，其中一个小姑娘指着一堆干果问店主如何卖。店主一看她们是小姑娘，知他们指嫩力薄，便开玩笑道：'你们谁要是能用两个手指头揿破香榧壳，我就随你们吃，不要钱！'姑娘们听了，都争先恐后地拿起香榧，使尽吃奶的力气按香榧壳，可就是压不破。这时，聪明的西施发现香榧头上有两个白点，好像两只眼睛，她用拇指和食指轻轻一捏，壳就裂了缝。原来，香榧壳上的两个点是排泄孔，两边是香榧生长的中缝，因此，捏住'眼睛'，用力一揿，中缝自然裂开了。这个'西施眼'就是破香榧壳的点。"

银杏又转问山核桃："你知道'大明果'的来历吗？"

山核桃回答："当然知道，这里有个故事。"接着说了起来。

元朝末年，朱元璋举旗起义。一次大战失败后屯兵千亩田，与刘伯温相遇。刘伯温劝他在这里招兵买马，重整旗鼓。朱元璋叹了口气说："谈何容易，首先军粮从哪里来啊？这里崇山峻岭，除了满山遍野苦涩的山核桃外，一无所有。"这可难煞了刘伯温。

一日，刘伯温来伙房时，见厨师用沸水煮芹菜，顿觉奇怪，问："为何这样煮芹菜呢？"厨师回道："这里芹菜都是苦的，跟这里的山核桃一样，但放进沸水一烫，捞上来再烧，就无苦味了。"刘伯温一听，心想，这满山遍野无人问津的苦涩的山核桃，能否放到水里煮去苦味呢？

刘伯温让人采来一小袋山核桃，让厨师在水里煮。果然灵验，山核桃去除

润心

了苦味。他又叫厨师把煮过的山核桃放到火上一烘，山核桃变成了既香又脆的美味佳果。

朱元璋知道后，立即命令士兵上山采果，煮果，烘果，然后和当地老百姓一起将山核桃运往苏州、杭州一带出售，换来大批银子和粮食。后来抓住机遇，招兵买马，等到山上兵多银多粮足时，朱元璋走上点将台，兵分数路，打下山去，最后建立了大明王朝。因此，老百姓把这山叫大明山，把山核桃叫作"大明果"。

听完了，银杏见还是分不出高低，又问香榧："你能吟一首名人写香榧的诗吗？"

香榧微笑着说："这太简单了，苏东坡赞美香榧的一首诗，是这样写的：'彼美玉山果，桀为金盘玉。驱除三彭虫，已我心腹疾。'"

不等银杏提问，山核桃接上来说："乾隆作诗《咏核桃》，原文是：'掌上旋明月，时光欲倒流。周身气血涌，何年是白头。'"

银杏见香榧和山核桃有问必答，对答如流，暗暗佩服。想了一会儿，先问香榧："听说你们的主产地在诸暨、东阳、嵊州一带，难道你们就偏安一隅，没有其他想法？"

"那不会，我们现在已经落户江西、福建、安徽等地，目标远大得很呢！"香榧信心十足。

"你们山核桃呢？就在浙皖交界的临安、淳安一带做山大王？"银杏转头问山核桃。

"这不可能，我们的足迹已经到了云、贵、川等地，正要做一番大事业呢！"山核桃雄心万丈。

银杏哈哈大笑，拉着香榧和山核桃的手站起来，说："世界足够大，容得下你们去闯荡。你们既然有这样的豪情气概，又何必为在浙江的上下高低争来争去呢？"

一句话，说得香榧和山核桃都脸红了，他俩都低下了头。从此，再没听到香榧和山核桃吵闹过。

润心

玉米和高粱

玉米和高粱都是禾本科一年生草本粮食作物，分布广泛，因为两种植物有太多的相似之处，所以平时双方反而很少深聊。这天当玉米有事找到高粱时，高粱吃了一惊。

高粱在门口拦住玉米，问："你来找我，是要比高低，还是比胖瘦？"

玉米大为惊异，说："兄弟何出此言？"

"前段时间，番茄和土豆，花生和黄豆，甚至香榧和山核桃，都在为上下高低争得脸红脖子粗的，我想你也不例外吧？"高粱说出原由。

玉米长吁一口气，说："原来如此，你也太小鸡肚肠了，我玉米是这样的植物吗？要是和他们一样，我玉米能遍布世界各地吗？"

"那倒也是，那你找我有什么事？"高粱还是有点不放心。

"我是来向你讨教的。"玉米神秘兮兮地说。

"向我讨教？我有什么能教你的？"高粱莫名其妙。

"你现在可出名了，一本《红高粱》的书，加上电影、电视剧一渲染，弄得人人皆知，风头远远盖过我了，所以我要向你学几招。"玉米开门见山地说。

高粱发现玉米是诚心的，也就放下了心，实话实说道："实际上，这和我并没有多少关系，都是因为一个叫莫言的作家写了这本书，后来一个叫张艺谋的导演拿去拍电影了，然后一炮打响，红开了，听说莫言后来还得了什么诺贝尔文学奖，张导也得了大奖。"

"是啊，谁不知道抗战时期打游击战，江南水乡芦苇荡，华北平原青纱帐，都是最有故事的地方。但这青纱帐又不只属于你高粱，我玉米也在内的啊，为什么你红我不红？"玉米愤愤不平。

高粱分析道："我想，这是不是和我们俩的用途不同有关，高粱主要用于生产酒，玉米则主要用于做人类的主食及牲畜的饲料。"

"这能说明什么问题？难道喝了高粱酒聪明，吃了玉米糊就糊涂了？"玉米想不明白。

高粱笑着说："倒不是这样，但中国讲究酒文化，你有没有看到，老板们谈生意前都要先喝酒的？"见玉米点点头，高粱继续说："因为有了高粱酒，所以有了《红高粱》，听说搞创作的，酒后才有灵感。"

"你说得有点道理。"玉米若有所思。

"另外，取名字也很重要。"高粱又抛出一点。

"这又如何解释？"玉米很好奇。

"你看，莫言是山东高密人，他以写家乡的风土人情著称，高密高粱都是高，又加上我高粱身上红彤彤的，高粱酒红曲酒，都对上号了，要想不高不红都难。"高粱放开说了，满嘴跑火车。

玉米将信将疑，说："照你这么说，玉门、玉山、玉环，有玉的地方多了去，为什么没写出名著？"说到这里，玉米放过"高"字，对"红"感兴趣了，接着问："为什么我俩同是禾本科植物，我们大多数植物身上绿油油的，你身上却是红颜色的呢？"

高粱看了看周围，见没有其他植物注意，就轻声说："这里面有来历，我告诉你，你可别外传。"待玉米拍胸脯保证后，高粱说了下面的故事。

相传，很久以前的大部分庄稼，小麦、谷子、高粱的穗都很长，他们的秆能长多高，穗就能长多长。玉米有多少片叶子，就能结出多少个玉米棒子。荞麦更是厉害，枝枝杈杈都长满了荞麦成熟的果实。由于所有的庄稼都是这种长势，人们的付出也就很少，远没有现在这样辛苦。到了收获的季节，每家每户的粮食多得没地方储存，就大堆小堆到处散乱着。由于粮食太多了，人们一点也不珍惜，最终招致天怨。

润心

一位专司农事的天神接到报告，说人间浪费粮食的现象非常严重，天神开始不相信。一次，他到人间视察，从天上到人间的路上，看到到处白花花一片，走近了一看，都是粮食。在人间看到的一切，更让他大吃一惊。家家户户，粮食堆积如粪土，一任风吹雨淋；大部分人家用上好的面粉和成泥巴，筑窑、砌墙。传言印证后，激怒了天神。他决心让人间改变这种浪费粮食的现象，而唯一的办法，就是不能让庄稼的产量太高。于是，天神就不辞辛劳，逐个品种，对庄稼进行改造。他抓住成熟了的小麦，从根部向上捋，只留了现在我们看到的不足5寸长的麦穗，麦穗往下的很大一部分全被捋掉了，只能长叶子，再也长不出麦穗了；对谷子，天神也是一样，只留了一尺长的谷穗；把玉米棒子掰得只留了两个；在捋高粱时，天神一不小心，被高粱叶子把手划破了，高粱秆上沾满了他的鲜血，最终只给高粱留了不到一尺长的高粱头，但是，从此后，成熟的高粱通体就成了红颜色。

从那以后，农民被改变了命运，被死死地绑在了土地上，不好好侍弄庄稼、不珍惜粮食就没有饭吃。天神所为，也教化人们养成了勤俭的传统，农民从此视粮食为命根子。

听到这里，玉米和高粱一阵叹息。过了一会儿，高粱想起来，不能都是玉米问我问题，我也要问他啊，就问："玉米兄，说到取名，你还有个名字叫苞米，是怎么回事？"

玉米说："那我也来说说我们玉米的故事。"原来玉米，在东北叫苞米。有一年东北辽水流域春天大旱，老百姓把高粱、大豆和谷子都播种好了，老天一个多月滴雨没下。种子刚冒出芽就被渴死了。庄稼人心疼啊，节气不等人，这可咋整，上老火了，一个个都唉声叹气，一脸无奈。在这节骨眼儿，村里来了两个买卖人，一老汉一妇女，赶着牛车，车上拉着一个大肚子水缸。村里好心的都来围观。谁也没见过这么大缸，两人合围还抱不过来。村民问："这缸是卖的吗？"男的说："不卖，我们是赊种子的。"村民问："怎么个赊法？"男的说："赊多少，秋后还多少。你种上我们的种子，不论旱，不论涝，都有收成，起码能吃饱肚子，不会挨饿。"村民问："这叫什么？没见过，样子像

润心

人的牙齿。"男的说："叫饱米。饱米，人可以吃。饱米秆子可以喂牛。"于是，村民你三升，他两斗，赊了好几天，方圆百十里地的都来赊。细心的村民心里犯嘀咕，赊出那么多，缸里的饱米却不见少，很纳闷。就去问村里见多识广的闫秀才。闫秀才摇晃着脑袋，想了半天。也没有答案，说，我去盘问盘问。这闫秀才是个讲究礼仪的人，他不敢乱开口，说："敢问二位哪里人氏，怎么称呼？"老汉说："俺两口子，蓬莱山人。"闫秀才边想边说："两——口……吕也。山—人……仙也。莫非，您老是蓬莱仙师吕洞宾？"话刚落地，这老汉女二人就不见了，扔下个大水缸。后来此地名字就叫"大水缸"。地址在辽源市东辽县云顶镇。

再说村里的百姓，到了秋后，饱米获得了大丰收，家家都吃上了饱饭。这饱米的名字，用了好多年，后来叫白了，变成了苞米。

玉米说到这里，补上一句："看来人们本领再大，也要靠天吃饭啊。"植物俩长吁短叹一番后，高粱猛然想起，说："何以解忧，唯有杜康。我们站在门口干什么，快快进屋，待我拿出高粱酒，一醉方休。"

玉米哈哈大笑，也不客气，跨进了高粱地里。随后传来"哥俩好啊"的欢叫声。

三点水

　　趁着国庆长假，润园植物杜英去海边游玩，回来后像打了鸡血，兴奋异常。旁边的植物问他是不是捡到宝贝了。杜英摇着头说："捡到宝贝算什么？我是想明白了许多道理。"众植物都好奇，就缠着杜英说出来。

　　杜英神气活现地说："面朝大海，我想的不是春暖花开，而是想到了水，它既柔和又狂躁。柔和似湖静，狂动似洪流。水的变化与流动蕴藏着无穷的智慧。水能屈能伸，能动能静。一瓶水，一潭溪，一汪湖……如宁静守望，如涓涓细流，如波涛汹涌……若一滴滴水能坦然在某处汇聚成群，有了水势和能量，便会高山流水，低谷暗流，穿越平原与沙漠，奔进江河，奔进海洋，维持这蔚蓝色的地球。"

　　"这些谁不知道？有什么可激动的？"沙朴听不下去了。

　　"别急，这只是个开头。"杜英解释。

　　"你就直奔主题吧。"广玉兰也听得不耐烦。

　　"好吧，那我长话短说。"杜英看着大家说："由大海，我联想到江河湖泊，这一联想就发现了大问题。"说到这里，杜英故意停了下来。

　　"发现什么大问题了？"植物们都围了过来。

　　"我发现这海洋江河湖泊等字都是三点水偏旁。"杜英神秘兮兮的。

　　"这算什么问题？"植物们大失所望。

　　杜英不受其他植物的情绪影响，继续说："那几天晚上，我就一直找资料研究，终于搞明白了。"

"有点意思，你就说下去吧。"乌柏鼓励杜英。

杜英说："先说洋，洋是远离陆地，是海的中心部分；再说海，海是指洋与陆地之间的一部分水域；如果一面临水叫岸或滩；两面临水叫湾；三面临水叫渚，三面临水面积大的称为半岛；四面临水大的叫岛；小的叫礁；上面住人的叫洲；石头多的叫矶；密集的岛屿称为群岛；成线状或弧状排列的称列岛；停泊大船的江海码头叫港；江河沿岸停靠的码头叫埠；河流大的叫江；小的叫河；东西向的叫塘；南北向的叫浦；深的叫湖；浅的叫荡；水边岸边称为湄；水中的小块陆地称为沚；水的边际称为涯；小水坑称为洼；小而深的水称为潭；大而深的水称为渊；水草茂密的积水地带称为沼泽；河边的空地称垻；人工挖掘的排水道称为渠；人工开凿的大型功能性河流叫运河；临水或水上供人休息赏景的亭台叫榭；较低的挡水构筑物叫堰；相对堰高一点的叫坝；溪为山间地势自然形成的水流，一般较小，有雨大，无雨小或干；涧指的是小溪，一般说是山里的溪水，乱石穿过那种；沟是有流水并且河床有明显凹陷的地方；峡是山间的水道，通常指的是可以过船的那种，比涧要深要大。"一口气说到这里，杜英累得气喘吁吁。

"虽然杜英说得很辛苦，但是我还是要泼冷水，三点水偏旁的字多得很，你能找资料，我们也查得到。"沙朴说话毫不客气。

"关键是从研究三点水，我学到了三个关于水的哲理故事，悟通了三个道理。"杜英毫不气馁。

沙朴正要说话，被乌柏拉住了。乌柏示意杜英说下去。

杜英说的第一个故事是这样的：山脚下有一眼山泉，泉水潺潺地从泉眼里冒出来，汇成一条小溪流向田野。一个樵夫挑着一担柴火经过泉边停下来，他捧起泉水喝了个饱，他觉得再没有比这更甜的水了……放羊的牧童、耕地的农夫和进山打猎的猎人，他们也都这样认为，这泉水是天下最甘甜的水。

有一个富翁，听到这个消息后，立刻派人去取山泉水回来。仆人将盛在精美的水壶里的泉水，倒进琉璃杯中呈给躺在摇椅上的富翁。富翁喝了一口，没什么感觉；又喝了一口，眉头皱了起来，把碗里剩下的泉水泼到地上，大声对

润心

仆人说："这是最甜的水吗？一点儿甜味也没有，还是去把蜂蜜糖浆给我拿来。"

故事讲到这里，杜英解释说："没有尝过饥渴的滋味，不会体会到食物与水的甜美；没有经受过挫折与失败，不会体会到成功的欢欣与满足；未历经苦难的人，永远不会懂得生命的价值和意义。"

一阵掌声后，连沙朴也觉得杜英说得有意思，请他讲第二个故事。

电台请一位商界奇才做嘉宾主持，大家非常希望能听他谈谈成功之路。但他只是淡淡一笑，说："还是出个题考考大家吧。""某地发现了金矿，人们一窝蜂地拥去，然而一条大河挡住了必经之路。是你，会怎么办？"有人说"绕道走"，也有人说"游过去"。商界奇才含笑不语，最后他说："为什么非得去淘金，为什么不可以买一条船开展营运？"大家愕然。商界奇才说："那样的情况，就是宰得渡客只剩下一条短裤，他们也会心甘情愿的。因为，前面有金矿啊！"

通过这个事例，杜英补充说："干他人不想干的，做他人不曾做的，这就是成功之道。困境在智者眼中，往往意味着一个潜在的机遇。"

在热烈的掌声中，杜英讲了第三个故事。

有一个人总是落魄不得志，去找智者释疑。智者沉思良久，默然舀起水，然后问："这水是什么形状？"智者没等回答，又把水倒入杯子。这人恍然大悟："我知道了，水的形状像杯子。"智者无语，把杯子中的水倒入旁边的花瓶。这人悟道："我知道了，水的形状像花瓶。"智者摇头，轻轻端起花瓶，把水倒入一个盛满沙土的盆，清清的水便一下融入沙土不见了。这个人陷入了沉思。

智者弯腰抓起一把沙土，叹道："看，水就这么消逝了，这也是一生。"这人高兴地说："我知道了，您是告诉我，社会处处像一个个规则的容器，人应该像水一样，盛进什么容器就是什么形状，而且人还极可能在一个规则的容器中消逝，就像这水一样，消逝得迅速、突然，而且一切无法改变！"这人说完，眼睛紧盯着智者的眼睛，他现在急于得到智者的肯定。

"是这样。"智者转而又说，"又不是这样！"说完，智者出门，这人紧随其后。在屋檐下，智者俯下身子，手在青石板台阶上摸了一会儿，然后顿住。这人把手伸向刚才智者所触之地，看见一个凹处，他不知道这本来平整的石阶上的"小窝"藏着什么玄机。

智者说："一到雨天，雨水就会从屋檐滴下来，这个凹处就是水滴成的。"

此人大悟："我明白了，人可能被装入规则的容器，但又应该像这小小的水滴，击穿这坚硬的青石板，直到改变容器。"智者说："对，这个窝就会变成一个洞！"人生如水，我们既要尽力适应环境，也要努力改变环境，实现自己的价值。我们应该多一点韧性，能够在必要时弯一弯、转一转，因为太坚硬容易折断。唯有那些不只是坚硬，而且更多一些柔韧和弹性的人，才能克服更多困难，战胜更多挫折。

见大家陷入思索中，杜英总结说："通过三点水引申出三个小故事，我有三点体会，第一点：水是灵动的，懂得顺势而为，如果前面有高山阻隔，那就绕道而行。第二点：饮水不忘掘井人，吃得苦中苦，方为人上人。第三点：生活如同一杯水，坏情绪则像掉进杯中的灰尘，你无法避免坏情绪的掉落，但如果不断地去搅和，它就会充满我们的生活；如果选择让心静下来，那么坏情绪自然会慢慢沉淀。保持好心情，才能品尝生活的甘甜。"

现场爆发出雷鸣般的掌声。沙朴打趣道："杜英去了一趟海边，成半个哲学家了，我也要去。"植物们又都笑了。

润心

老槐树接诊

润园小区的植物，积极向上，活泼可爱，充满正能量，整体上是好的，但也有个别植物患得患失，思想上有疙瘩。植物业委会经研究，决定让老槐树出马，挂牌接诊，医治植物中存在的心理疾病。

第一个来就诊的是枫杨，自诉自己老拿不定主意，听听这个也对，听听那个也没错，不知道该怎么办。

老槐树仔细听了后，对枫杨说："我以人为例，给你讲个小故事：从前，有一个和尚跟一个屠夫是好朋友。和尚天天早上要起来念经，而屠夫天天早上要起来杀猪。为了不耽误他们早上的工作，他们约定，早上互相叫对方起床。多年以后，和尚与屠夫相继去世了。屠夫上了天堂，而和尚却下了地狱。"

枫杨忙问："这是为什么？"

"为什么？因为，屠夫天天做善事，叫和尚起来念经；相反地，和尚天天做恶事，叫屠夫起来杀生……"老槐树回答。

"这个我倒没有想到。"枫杨喃喃自语。

老槐树进一步解释："小故事中含有大道理：有时候，你做了自认为对的事情，到头来却不一定会得到好下场。因为，你认为的对不一定是对，你认为的错也不一定是错。所谓的对错，都是相对的，有句话叫屁股决定脑袋。我的意思是，你一定要坚信自己，按照自己内心的意愿去做，你一定行的。"

枫杨点点头，神情愉快地离开了。

第二个来就诊的是无患子，自诉他不愁吃不愁穿，生活无虑，总想帮别的植物做点什么，但不知道怎么做？

老槐树了解无患子的心结后，对他说："我以人为例，给你讲个小故事：一个和尚走在漆黑的路上，因为路太黑，行人之间难免磕磕碰碰，和尚也被行人撞了好几下。他继续向前走，远远地看见有人打着灯笼向他走过来，这时旁边有个路人说道：'这个瞎子真是奇怪，明明看不见，却每天晚上都要打灯笼！'和尚听到后也觉得非常奇怪，等那个打灯笼的盲人走过来的时候，他便上前问道：'你真的是盲人吗？'那个人说：'是的，我从生下来就没有见过一丝光亮，对于我来说白天和黑夜是一样的，我甚至不知道灯光是什么样的！'和尚迷惑了，问道：'既然这样，你为什么还要打灯笼呢？你甚至都不知道灯笼是什么样子，灯光给人的感觉是怎样的。'盲人说：'我听别人说，每到晚上，人们都会变成和我一样的盲人，因为夜晚没有灯光，所以我就在晚上打灯笼出来。'和尚感叹道：'原来你所做的一切都是为了别人！'盲人沉思了一会儿，回答说：'不是，我为的是自己！'和尚更迷惑了，问道：'为什么呢？'盲人答道：'你刚才过来有没有被别人碰撞过？'和尚说：'有呀，就在刚才，我被两个人不小心碰到了。'盲人说：'我是盲人，什么也看不见，但我从来没有被人碰撞过。因为我的灯笼既为别人照了亮，也让别人看到了我，这样你们就不会因为看不见我而撞到我了。'和尚听后若有所悟。"

无患子也似有所悟，问："你能否再点拨下？"

"这个小故事，要说明的大道理是：点灯照亮别人的同时，更照亮了自己，这就是助人为乐的道理。在生活中，我们应该时刻记得，帮助别人也就等于帮助自己。"老槐树语重心长。

"反过来，做好了自己，也就是帮助了别人。是不是可以这样理解？"无患子望着老槐树，怯生生地问。

"是的，这就是人人为我，我为人人的道理。"说到这里，老槐树笑眯眯地拍着无患子的肩膀说："回去吧，小伙子，你的病已经好了。"

无患子鞠个躬，乐呵呵地走了。

第三个来就诊的是郁李，自诉自己做事老是碰壁，但又不知道错在哪里，

润心

为此很苦恼。

老槐树还是以人为例，给郁李讲了个小故事：一位老和尚带着两名弟子为了修行问道而云游四方。一天，他们被一条大河挡住了去路。这时老和尚问两名弟子："这条大河上看不见桥，我们无法通过，该怎么办呢？"

第一名弟子回答道："我们蹚水而过吧。"老和尚摇了摇头。

第二名弟子回答道："我们还是回去吧。"老和尚仍然摇头。

两个弟子不解，便向老和尚请教。老和尚说道："如果蹚水而过的话，我们不但衣衫会被浸湿，而且水深的话还会有性命之忧，这个办法不可取；如果转身而回的话，虽然能够确保平安，但却到不了我们的目的地，也不可取。最好的办法就是顺着河走，总会找到桥的。"

郁李问："医生，你想说明什么？"

老槐树拉着郁李的手，告诉他："这个小故事要说明的是：做事情，用一种方法难以奏效时，不妨换一种思维方式，换一个角度。正如在大海上行船一样，我们无法改变风的方向，但我们却可以改变帆的方向。"

"是不是为树处事，必须灵活应变，不要在一棵树上吊死？"郁李自言自语。

"是的，很多事情不是非此即彼的，可以走不同的路。你去多看看水流，多观察光线，就会体会到的。"老槐树提醒道。

"我懂了，谢谢医生！"郁李眼睛发光，愉快地离开了诊所。

后来，枫杨、无患子、郁李像是换了一棵树一样，精神面貌焕然一新。老槐树也在润园植物中被誉为神医。

润心

槐朴过招

老槐树用三个小故事治好了枫杨、无患子、郁李的病，在润园小区植物圈传为美谈。沙朴听到后，有些不服，就抽空找上门去。

老槐树见沙朴进门后，也不说话，而是东看看，西瞧瞧，一副漫不经心的样子。老槐树就主动问："沙朴，你也来看病？"

"我没有病。"沙朴回答。

"那你来干什么？"老槐树装得一脸糊涂样。

"我有几个问题不明白，想来当面请教。"沙朴嘴上说得客气，但脸部表情却出卖了他。

老槐树心想，沙朴实际上已经有病了，但他自己不知道，老槐树也不点破。请沙朴坐下来后，端上一杯茶递给他，请他慢慢说。

沙朴也不客套，直接说："听闻你用小故事能治病，我仔细了解了你诊疗的整个过程，有三个问题要问你。"

"请讲！"老槐树两手一摊。

"第一个问题是，你在坐诊时，既没有用听筒，也没有搭脉，更不要说七化验八检查了，而只是说些小故事而已，你为什么这样做？"

老槐树哈哈一笑，说："像枫杨等树，我一看形体是很好的，说明机体本身没有问题。从他们的自诉中可以确定是心理上的问题，这种问题用仪器是测不出来的，何必劳民伤财呢？"

"我听说人去医院看病，都要七检八查，不让人出些血是不能走的。"沙朴想挖坑让老槐树跳。

"人是人，我们植物是植物，他们要那样做是他们的事，我不作评论。"老槐树不往坑里跳。

沙朴伸出大拇指点赞，接着说："那我又要问，说到人，你的小故事为什么都要以人为例呢？据我所知，他们人类倒喜欢以植物为例的。"

老槐树知道来者不善，他决定以攻为守，笑着说："既然人类喜欢植物拟人化，那我们为什么不采用人类拟物化呢？"见沙朴没反应，老槐树继续说："我觉得以人为例是最鲜活最生动的，我是想告诉枫杨他们，连人类都懂得这些道理，难道我们植物还会不懂吗？"

"你说得确实有道理。"沙朴再次点赞，口气也缓和下来。

"你不是还有个问题吗？干脆问完吧。"老槐树提醒。

"这个问题是这样的，你以人为例我理解了，但为什么小故事里都要出现和尚呢？"沙朴迷惑不解。

"这不是和尚头上的虱子，明摆着的吗？"老槐树说完，哈哈大笑。

沙朴想了一会儿才明白过来，知道老槐树年龄大，佛系了，也跟着笑起来。这一笑，气氛就融洽了。沙朴一边喝茶，一边和老槐树聊起来。

沙朴说："老槐树，你也知道，我沙朴写了几本书，在植物圈里也算是个作家了。前几天出去采风，听了一个故事，不知怎么写好？"

"什么故事，说来听听。"老槐树很感兴趣。

沙朴说起了听到的故事：古时候，有一位丞相外出办事，当时正值盛夏，在归来的途中，随身携带的水都喝完了，丞相口渴难耐，便到附近的一户农家讨水喝。那天，小男童的家人去干农活了，只有他一人在家看门。

见家里进来一大群人，为首的嚷嚷着要喝茶，看样子好像是个大官。小男童心里非常害怕，怕茶上慢了要挨打。可要命的是，家里刚好没有热水了，锅里的热水还没有烧开，于是小男童急中生智，把他父亲喝剩的凉茶倒进碗里端了出去。没过一会儿，手下又来催茶，说大官还是很渴。这时候，凉茶没有了，但锅里的水已经烧得半开，小男童就从锅里舀出一勺温热的水冲了碗茶端了出去。不一会儿，水烧开了，小男童终于泡出一壶茶，便赶紧沏了一碗端了出去。

在端那三碗茶时，小男童胆战心惊，生怕被人发现他端出了父亲喝剩的茶和用没开的水沏茶。但结果是真的被发现了，小男童没得到赞赏，反而被痛骂了一顿。

听到这里，老槐树说：同样的事，我听到的故事是这样的：那天丞相一行人到了农户家后，只有一个十岁左右的小男童在家，丞相的护卫说明来意后，小男童端上来一大碗凉茶，丞相一饮而尽，喝完后觉得还不过瘾，便又要了第二碗。小男童又端上来一碗温茶，丞相喝完，已然解渴，感觉舒服了许多。就在这时，小男童又端上来第三碗茶，这是一碗刚刚沏好的香气四溢的茶，丞相喝得非常舒服。喝完后，丞相当即就把这个小男童收为自己的学生。

旁边的护卫不理解，丞相说："小男童前两碗给我的是一碗凉茶一碗温茶，是让我解渴；第三碗给我的是热茶，是让我好好品尝。这三碗茶背后藏着的，可是他细腻的心思啊！如此小的年纪就有这样细腻的心思，日后加以培养，一定可以成为一个不可多得的人才，我们国家需要这样的人才！"

果然，小男童跟着丞相后，不但学识得到增长，而且还成了一位足智多谋的谋士，为国家作出了巨大的贡献。

"啊，还有这样的说法，这是完全不同的两种结果。"沙朴惊叹。

"是啊，同一件事情，不同的人所站的角度不同，所面临的自身的境况不同，就会有不同的思维，就会有不同的看法，不同的结果。"老槐树一边感叹一边分析说："上天对人命运的安排，往往是出人意料的，比如这个小男童，遇到这样的事，可能是祸事，也可能变福事。不用过于担心坏事，好事坏事互变，好坏各占一面，有时候我们认为的坏事，有可能会变成好事，会成为我们的机遇，这是一种辩证的思维。学会运用辩证思维，就可以由感性认识上升到理性认识，就能够主动把坏事向好事的方向去转变，把祸转化为福，把失败转化为成功！"

润心

"那我如果写文章，应该写我听到的故事还是你所说的故事？"沙朴真心询问。

老槐树看出沙朴是诚心的，也就实话实说："文学作品可以有多种形式，看你的用意是什么。我主张你多写真善美的东西。"

"可是，我歌颂真善美，有植物说我是献媚；我揭露假恶丑，又有植物说我是居心不良。你说我该怎么办？"沙朴虚心求教。

老槐树笑着说："我还是说个小故事，但这次不是以人为例，而是以动物为例。一只乌龟受到谩骂，什么也没说，慢慢把头缩到了壳里。一条鱼看不下去了，轻蔑地说：'你真没用，就知道躲。'乌龟悠悠地伸展开四肢：'这不是逃避，是求一个安静的环境而已。'鱼说：'你都被骂惨了！'乌龟说：'别人愿意怎么说，就怎么说去吧！只要我不在乎，它就什么都不是。这就是我活得久的原因。'"

说到这里，老槐树感悟道："喜欢你的植物，你怎么做都是对的；不喜欢你的植物，你做得再好人家也看不顺眼。跟朋友无需解释，跟敌人解释也徒劳无益。所以，与其耗费精力，不如保持沉默，做好我们自己。"

沙朴站起来，向老槐树鞠躬致谢，一本正经地说："你讲了个小故事，又治好了我的病。"

老槐树装着很认真的样子，说："你知道自己有病，说明你没有病。"

沙朴和老槐树的双手紧紧握在一起，会心地哈哈大笑。

番薯和芋艿

深秋之夜，躺在库房里的芋艿翻了个身，感觉旁边有个大块头，芋艿伸手一摸，硬邦邦的，不像是同类，就警觉地问："你是谁？怎么躺在我身边？"

对方笑着说："我是番薯啊，我们番薯芋艿本来就是不分家的啊。"

"原来是番薯大哥，黑灯瞎火的，我没看清，失敬失敬。"芋艿说到这里，醒悟过来，自言自语道："我们怎么会来到这里？"

番薯说："农谚道：七月半，番薯芋艿挖挖看；八月半，番薯芋艿好打堆。现在正是番薯芋艿收藏的时节，主人将我们从田野里挖出来，堆放在库房，这很正常啊。"

"原来是这样，那闲着也是闲着，我们聊聊吧。"芋艿提议。

"好啊，正合我意。"番薯欣然接受。

"听你的名字，番字开头，应该是外来的吧？"芋艿先发问。

"是的，这个说起来话可长了。"番薯进入了回忆，过了一会儿，番薯缓缓说道："我们的原产地在南美的秘鲁、厄瓜多尔、墨西哥一带，随着各国早期探险和商人的洲际往来，走出故乡，到欧洲非洲亚洲等有人类的居住地拓展。中国的番薯是从菲律宾引入的，引进种植过程曲折得很，可以写一部小说。传入中国后，即显示出其适应力强、无地不宜的优良特性，产量之高，'一亩数十石，胜种谷二十倍'。加之'润泽可食，或煮或磨成粉，生食如葛，熟食如蜜，味似荸荠'，故能很快向内地传播。现今中国的甘薯种植面积和总产量均占世界首位。"

润心

"那可真不简单。"芋艿啧啧称奇。

"光顾着我说了，正要问你，芋艿芋艿，这名字有何来历？"番薯反问。

"我们芋艿的名字很多，又名芋头、里芋、香芋、毛芋、山芋。说到芋艿名的来历，这里面有个故事。"芋艿慢悠悠地说。

"我最喜欢听故事了，快说给我听。"番薯催促。

芋艿回忆起来。相传，明朝年间，敌寇侵犯中国东南沿海，百姓深受其害，朝廷派戚继光带兵抗击敌寇取胜。中秋佳节，军队在营地欢庆胜利。深夜，敌寇乘机偷袭，戚家军被围困在山上，粮草断绝，士兵们只能挖野草充饥，并且挖到了很多野芋。这些松软香甜的野芋挽救了众人的性命，但是却没有人知道这种食物的名字。戚继光为了纪念遇难的士兵将其称为"遇难"。

一天晚上，戚家军在饱餐"遇难"之后，奋勇冲杀出去，将敌寇全歼在睡梦里，取得了突围的胜利。此后，东南沿海一带百姓每逢中秋佳节就吃糖烧"遇难"，以此表示对戚家军的抗敌寇功绩和世代铭记民族危难的不朽情怀。因"遇难"与"芋艿"谐音，故而世人就把它称为"芋艿"。

听到这里，番薯连声赞叹，认为芋艿这个名字好，有纪念意义。夸赞完，又问："那你们芋艿有什么特色？"

"芋艿口感细软，绵甜香糯，营养价值近似于土豆，又不含龙葵素，易于消化而不会引起中毒，是一种很好的碱性食物。它既可作为主食蒸熟蘸糖食用，又可用来制作菜肴、点心，因此是人们喜爱的根茎类食品。芋艿中富含蛋白质、钙、磷、铁、钾、镁、钠、胡萝卜素、烟酸、维生素 C、维生素 B 族、皂角甙等多种成分，所含的矿物质中，氟的含量较高，具有洁齿防龋、保护牙齿的作用。"说到这里，芋艿觉得有点过了，就客气道："当然，我想，你们番薯也不差，不然也不会这样普及了。"

番薯说："我们番薯富含蛋白质、淀粉、果胶、纤维素、氨基酸、维生素及多种矿物质，有'长寿食品'之誉。这些和你们芋艿是差不多的。但我们有一点是你们比不了的。"

"哪一点？"芋艿急忙问。

"番薯可以生着吃，从地里挖出来洗干净就可以吃了。"番薯满脸自豪，接着说："在过去缺粮的时代，不知有多少人，因有了我们番薯，而不至于饿死。"

"听说有些人，正因为那时番薯吃多了，后来看到番薯就反胃。"芋艿插上一句。

"三十年河东，三十年河西。现在又反过来了，番薯又成抢手货了。"番薯纠正道。说着，番薯翻了一个身，触碰到芋艿，发觉芋艿身上毛茸茸的。番薯想起了什么，就问："我看你身上温度也正常，为什么叫烫手山芋呢？"

"因为热的山芋不但烫手，而且肉质像泥巴一样黏人，会把人烫伤。故有此说法。"芋艿解释完，补充道："烫手山芋是人们用来比喻要解决的事情很棘手，但是解决之后又能得到好处，多指要凭真才实学才能胜任。"

"人们就是爱拿我们植物作比喻。"番薯咕噜一声。

"山芋不光烫手，还烫嘴，这里也有个故事。"芋艿说。

听到有故事，番薯兴趣又上来，侧耳细听。芋艿说道："清朝道光年间，林则徐被任命为钦差大臣到广州禁烟，在广州的英、美、俄、德等国的领使，用西餐来招待林则徐，饭后上了一道冰淇淋，林则徐因不知冰淇淋为何美食，看到有气冒出，以为是热的，便用嘴吹之，好让这道菜凉了再食，领使们看着大笑，把林则徐气得吹胡子瞪眼睛。林则徐不动声色，过了几天，林则徐宴请那些领使们吃饭，他请吃的菜肴都是凉菜，后来上了一道'芋泥'，颜色灰白，表面闪着油光，看上去没有一丝热气。那些领使以为这也是一道凉菜，用汤匙舀了就往嘴巴里送。哈哈！上当了，领使都烫得哇哇乱叫。林则徐心里暗笑，嘴里则不停地道歉，说没想到他们原来不知道这'芋泥'外冷里烫啊。"

听到这里，番薯哈哈笑出声来，刚要再问，突然听到外面传来脚步声，知道是主人要来库房拿农具了，就推了芋艿一把，装睡过去。

润心

桃　夭

　　润园小区里的桃树，不仅天生丽质，而且富含寓意。她的花叶、枝木、果实都映照着民俗文化的光芒，表现的生命意识，深刻地渗透在中国桃文化的血脉中。到了春季，桃花朵朵，万紫千红，赏心悦目。

　　润园桃树过着优哉游哉的幸福生活，她的身边不乏崇拜者。老槐树住在桃树边，经常看到一些植物围着桃树转。有的吹捧桃树枝木可用于驱邪求吉；有的恭维桃是五果之首，排在李、杏、梨、枣前面；有的以王母娘娘做寿要用蟠桃招待群仙为例；有的以孙悟空用桃子做主食为证。大家都在称赞桃子，讨桃子欢心。

　　这天，桃树边上又来了不少植物，不等他们开口，老槐树先摇头晃脑吟唱起来：

　　桃之夭夭，灼灼其华。之子于归，宜其室家。

　　桃之夭夭，有蕡其实。之子于归，宜其家室。

　　桃之夭夭，其叶蓁蓁。之子于归，宜其家人。

　　老槐树年龄有点大，口齿不清，加上又用古风吟唱，年轻树似懂非懂。杜英忍不住，问道：“老槐树，你在唱什么啊？”

　　老槐树一本正经地说：“这是《诗经》里的名篇《国风·周南·桃夭》，你们连这个都不知道，还想取悦具有悠久文化传统的桃树，做梦去吧！”

　　植物们面面相觑，白榆红着脸问：“这首《桃夭》是什么意思呢？”

　　老槐树见白榆是诚心的，就解释道：“我将其翻译成了白话文。”

"桃花怒放千万朵，色彩鲜艳红似火。

这位姑娘要出嫁，喜气洋洋归夫家。

桃花怒放千万朵，果实累累大又甜。

这位姑娘要出嫁，早生贵子后嗣旺。

桃花怒放千万朵，绿叶茂盛随风展。

这位姑娘要出嫁，夫家康乐又平安。"

听完了老槐树的译文，无患子笑着说："这不也是说了一大堆好话吗？"

"那不一样，说好话也要体现出有文化，同样说桃花美艳，用诗歌来赞赏那就有品位了。"老槐树一脸严肃。

"那我来一首白居易的《大林寺桃花》：'人间四月芳菲尽，山寺桃花始盛开。长恨春归无觅处，不知转入此中来。'"杜英得意洋洋。

"陶渊明《桃花源记》中，'忽逢桃花林，夹岸数百步，中无杂树，芳草鲜美，落英缤纷，渔人甚异之。复前行，欲穷其林'，我都可以背出来。"白榆自命不凡。

其他植物有说"满山药味增新色，夹岸桃花胜旧年"的；有说"溪上栽桃满洞花，洞门石壁掩丹霞"的，不一而足。

老槐树问："你们能背出诗文，能理解其中的意义吗？"见大部分植物皆摇头，老槐树又问："谁能由桃花诗而引申出故事？"

垂柳举手，老槐树问："你想说什么？"

垂柳先是背出崔护《题都城南庄》的诗："去年今日此门中，人面桃花相映红。人面不知何处去，桃花依旧笑春风。"接着说："这首诗背后隐藏着一段感人的爱情故事。"

听到有爱情故事，植物们都静下来。老槐树示意垂柳说下去。垂柳长发一甩，幽幽说起来。

崔护是唐德宗贞元年间博陵县人，出身于书香门第，天资纯良，才情俊逸，性情孤傲，平日埋头寒窗，只为考取功名，光宗耀祖。

有一年清明时节的午后，风和日丽，桃红柳绿，莺歌燕舞。崔护出城游玩，玩得久了感觉口干舌燥，欲寻人家讨口水喝。寻了一会儿，发现不远处桃花丛中，有一角茅屋若隐若现，临近一看，那是一片蔚然的桃林，桃花灼灼，缀满枝丫，微风吹来，清香绕人。沿着桃林间的曲径往里走，在一片空隙中，有一竹林围成的小院，崔护上前轻叩柴门。开门的是一位年轻貌美的姑娘，只见她眉不画而翠，唇不染而红，眼似秋波，口比樱桃，翩若惊鸿，婉若游龙，顾盼生辉。崔护看得呆了，回过神来说道："在下崔护，乃博陵人士，正等待秋试，今出来游玩觉得口渴，能否向姑娘讨碗水喝？"

姑娘领崔护进屋。茅屋虽简单但不失典雅，闺房虽陋却满是书香，书桌上还有一墨渍未干的诗笺，上书："素艳明寒雪，清香任晓风，可怜浑似我，零落此山中。"姑娘不但有倾国之色，还有旷世诗才，怎能不叫崔护心动呢？但是紧张的情绪已经让大才子语无伦次，喝了口水后便匆匆告辞。依稀中只记得姑娘小字绛娘，其他已全然不记。

第二年清明，春色桃花依旧，正在苦读的崔护睹物思人，情不可抑，于是放下书本出城寻访。桃花依旧灼灼，可惜柴门紧锁，姑娘已不知去向。崔护怅然若失，回想起姑娘似桃花般的音容笑貌，不禁神伤，离开之时，就提笔在柴门上写了这首诗，写完留下署名：崔护《题都城南庄》。

崔护回家后，便两耳不闻窗外事，一心只读圣贤书。可是窗外的桃花晃得实在是让人心烦意乱，哪还能静下心来读书啊？于是便出城寻访。走进桃林，他突然听到撕心裂肺的哭声，推开门见一老者号啕不已，崔护说明来意，老者大怒。原来你就是崔护啊，我的孙女就是被你害死的。原来，那年清明节过后，绛娘对崔护情有独钟，一年来任谁说媒也不答应，一心只等崔护，无奈崔护一去无回，老父亲逼婚太紧，绛娘就去亲戚家躲避。从亲戚家回来，绛娘看到崔护的题诗后悔不已，后悔不该去亲戚家呀，错过了一段姻缘，想起自己一年来的等待，从此心愿落空，不免茶不思饭不想，日夜昏沉，不几日就病重。崔护听罢，奔进绛娘闺房，一把抱住绛娘，一声声呼唤，泪如雨下。说来也是奇迹，在崔护的呼唤声中，泪水打在绛娘脸上，绛娘慢慢地睁开了双眼。后来崔护娶了绛娘，崔护发现绛娘不但有天姿国色之容，竟然能诗文工格律，才思敏捷，

润心

更是仰慕。

在绛娘的佐助下，崔护得中进士，后来官至广南节度使，绛娘始终相伴左右，从此成就了一段红袖添香、才子佳人的浪漫爱情。

柳树的故事讲完了，植物们一阵感叹。边上的植物发现垂柳对着桃树，口中念念有词，十分笃诚。再看那桃树，身上红褐色的桃胶逐渐溶解，竟滴落下来。杜英大叫："桃树落泪了。"

"桃树被垂柳感动得哭了。"白榆明白过来。

"垂柳捷足先登，那我们没戏了。"无患子满脸酸楚。

"桃红柳绿是标配，你们省省心吧。"老槐树一语道破。听了这句话，植物们一哄而散。留下柳树和桃树卿卿我我，随风飘荡。

润心

113

小芦苇论荷

　　小区公园旁有个荷塘，莲叶田田、菡萏妖娆、清波照红湛碧。池塘边的芦苇面对清新俊逸的环境，耳闻目睹，文化底蕴自也不低。

　　小芦苇出生在五月中旬，那时正是初夏时分。小芦苇刚从娘肚子里出来，闻到门外传来"江南可采莲，莲叶何田田。鱼戏莲叶间，鱼戏莲叶东，鱼戏莲叶西，鱼戏莲叶南，鱼戏莲叶北"的朗诵声，这给小芦苇幼小的心里留下了深刻的印象，从此，小芦苇就对莲荷特别感兴趣。从满月开始，他父亲就请槐树来给他当私塾老师。

　　槐树给小芦苇上的第一课是《诗经》，其中有"山有扶苏，隰有荷华。不见子都，乃见狂且"，小芦苇不懂，槐树解释说："这几句话的意思是，山上扶苏枝茂盛，湿地荷花粉又红。看到的不是美男子，却是你这小子傻又疯。"小芦苇点点头，表示记住了。

　　小芦苇天赋极高，没过两个月，就能背诵很多写莲荷的诗。像杨万里的"毕竟西湖六月中，风光不与四时同。接天莲叶无穷碧，映日荷花别样红"，李清照的"常记溪亭日暮，沉醉不知归路。兴尽晚回舟，误入藕花深处。争渡，争渡，惊起一滩鸥鹭"，小芦苇都被背得滚瓜烂熟。有一次，小芦苇独自玩耍，边玩边背诵唐代王昌龄的《采莲曲》：

　　荷叶罗裙一色裁，芙蓉向脸两边开。

　　乱入池中看不见，闻歌始觉有人来。

　　他父亲听到了，便要他解读一下，小芦苇说："在这首《采莲曲》中，采

润心

114

莲女和荷塘完美地融为一体。荷叶和罗裙同色，让人眼花缭乱，芙蓉和少女的脸，一样娇俏可爱。在那一片绿荷红莲丛中，采莲少女的绿罗裙已经融入田田荷叶之中，几乎分不清哪个是荷叶，哪个是罗裙；而少女的脸庞则与鲜艳的荷花相互映照，人花难辨。在池塘中，我们已经分不清哪个是荷花，哪个是采莲女，此时，歌声传来，知道有人过来了。多么自然而灵动，从'乱''看''闻''觉'四个字，耳、目、心三处参错说出情来，自然清新，仿佛一幅清新的画作。读完这首诗之后，脑海中就有了画面。"

小芦苇父亲听了，大吃一惊，便当场吟咏李白写的《采莲曲》：

若耶溪边采莲女，笑隔荷花共人语。

日照新妆水底明，风飘香袂空中举。

岸上谁家游冶郎，三三五五映垂杨。

紫骝嘶入落花去，见此踟蹰空断肠。

父亲吟罢令小芦苇解读一下这首诗。小芦苇看了几遍后，说："李白是唐代大诗人，他写采莲女的美丽，没有直接着墨，而是用反衬的方法来写。美丽可人的采莲女只是悠闲地采着莲，却引得旁边一众男子下马驻足观看。你们看，在若耶溪畔，美丽的采莲女笑语吟吟地采着莲子。阳光照耀着采莲女的新妆，风吹起她的衣袖，空气中也飘荡着香味。再看，那岸上是谁家出来游乐的男子，三三两两，似隐非隐地站在垂柳下。身边的紫骝马不断嘶叫，身旁的落花纷飞，见了此美景美人，人怎能不踟蹰、不感伤？最后，男子被采莲女吸引，久久不离去，像极了《陌上桑》中秦罗敷的那句：耕者忘其犁，锄者忘其锄。来归相怨怒，但坐观罗敷。这首诗写得绮丽但不艳情，可见李白的功底之深。"

小芦苇不慌不忙地把话说完，这下不光小芦苇父亲惊讶无比，连坐在旁边的槐树都目瞪口呆。槐树老师惊醒过来后，说要亲自考一考他，说罢，背诵了白居易那首《采莲曲》，诗是这样写的：

菱叶萦波荷飐风，荷花深处小船通。

逢郎欲语低头笑，碧玉搔头落水中。

老师的话音刚落，小芦苇就说了起来："前面王昌龄和李白已经将采莲女

润心

的美丽风情写得那么可爱美好了，你们说白居易还能怎么写呢？但白居易就是不一样，他是那么细腻，用轻盈的笔触写了采莲女遇见心上人的情态和羞涩，令人忍俊不禁。采莲姑娘碰见自己的心上人，想跟他打招呼又怕人笑话，便低头羞涩地微笑。一不留神，头上的玉簪掉落水中。'欲语低头笑'既表现了少女的无限喜悦，又表现了少女初恋时的羞涩难为情。'碧玉搔头落水中'一句进一步暗示了少女'低头笑'的激动神态。白居易抓住人物的神情和细节精心刻画，一个欲语还休、含羞带笑的姑娘宛然出现在我们眼前。诗人仅截取了采莲女的一个画面，却将她美丽、可爱的情态表露无遗，令人浮想联翩。"

老师接着问："写莲荷的诗文，你最喜欢哪篇？"

"是周敦颐的《爱莲说》，其中'予独爱莲之出淤泥而不染，濯清涟而不妖，中通外直，不蔓不枝，香远益清，亭亭净植，可远观而不可亵玩焉'一段，我印象最深。"小芦苇脱口而出。

"愿闻其详。"老师站了起来。

小芦苇一本正经地说："这一段话，对莲花挺拔秀丽的芳姿，清逸超群的美德，特别是可敬而不可侮慢的嵚崎磊落的风范，作了有力的渲染。隐喻作者本身具有'出淤泥而不染，濯清涟而不妖'的高尚品格。实际上，他说的意思就是：要在官场上保持自己高洁的品格，就如同莲花出淤泥而不染那么难。这也是他为官的经验总结，因为他不想同流合污。而'濯清涟而不妖'，不过是作者的一种良好愿望罢了。他为官正直，数洗冤狱，为民做主；晚年定居庐山，著书明道，洁身自爱，颐养天年，便是身体力行淡泊明志的体现。这正是此文能给人思想情趣以深切感染的着力之处。"

小芦苇还没说完，私塾老师槐树就向小芦苇父亲拱拱手，提出辞职。小芦苇父亲说你这是为何。老师说小芦苇如此天资，水平已在老朽之上，我还如何教得了他。小芦苇父亲见老师坚辞，只得随他而去。此后，小芦苇就没再请老师，在家只管自学。后来小芦苇果然在文学上创出一条新路，做出一番事业，这是后话，按下不表。

润心

荷塘夜话

在小区公园旁有个荷塘，池里莲叶田田、菡萏妖娆，陪伴着莲荷的是芦苇、菖蒲。池的四周皆是高低错落的各类植物，水杉、广玉兰、枫杨傲然挺拔，往下有大叶黄杨、红叶石楠、杜鹃花等灌木，底层还穿插着一些不记名的草类。

荷花和芦苇情同手足，因为她觉得芦苇最理解自己，小芦苇对荷文化的解读，深深打动了荷花。投桃报李，荷花对芦苇也进行了深入研究，成果颇丰。夜深人静时，荷花时常吟咏《诗经》里的《国风·秦风·蒹葭》：

蒹葭苍苍，白露为霜。所谓伊人，在水一方。溯洄从之，道阻且长。溯游从之，宛在水中央。

蒹葭凄凄，白露未晞。所谓伊人，在水之湄。溯洄从之，道阻且跻。溯游从之，宛在水中坻。

蒹葭采采，白露未已。所谓伊人，在水之涘。溯洄从之，道阻且右。溯游从之，宛在水中沚。

池旁的广玉兰听到了，探头询问："荷花，你老是蒹葭、蒹葭的，这蒹葭是谁啊？"

荷花解释说："蒹葭就是芦苇，蒹是长在水边，没有长穗的芦苇；葭是指初生的芦苇。"

"你吟唱的是什么意思呢？"枫杨摇晃着头问。

"没有文化真可怕。"荷花叹了口气，接着说："也罢，我翻译成白话文给你们听吧。"说着，将译文和盘托出。

芦苇密密又苍苍，晶莹露水结成霜。我心中那好人儿，伫立在那河水旁。逆流而上去找她，道路险阻又太长。顺流而下去寻她，仿佛就在水中央。芦苇茂盛密又繁，晶莹露水还未干。我心中那好人儿，伫立在那河水边。逆流而上去找她，道路崎岖难登攀。顺流而下去寻她，仿佛就在水中滩。芦苇片片根连根，晶莹露珠如泪痕。我心中那好人儿，伫立在那河水边。逆流而上去找她，路途艰险如弯绳。顺流而下去寻她，仿佛就在水中洲。

听到这里，枫杨醋意上来了。他说："你为芦苇吟，我怎么听出这景中含情，情中有景，情景交融的内心抒发之音。"

"蒹葭，身材修长，纤细的茎干青绿挺拔，鲜嫩欲滴，当微风吹拂，阵阵芦花飘荡在群群芦荡间，令我如痴如醉，又有什么能够比这高雅清丽的画面更让其爱慕呢？"荷花自言自语。

"不就是小小芦苇吗？有什么了不起的。"枫杨大惑不解。

"牛头不对马嘴，何足道矣。"荷花别过头去。

枫杨见荷花不再理他，讨了个没趣，就转身对着芦苇，嘲笑道："喂，伙计，你看我长得多高大伟岸啊！而你，那么瘦弱，真可怜！"

话音刚落，一阵狂风刮过，枫杨树被连根拔起，吹倒在池边，落在芦苇丛中。芦苇虽也被吹得七斜八倒，但狂风一过，又挺直了身躯。

枫杨惭愧地说："唉，我真不明白，你们那么瘦弱，竟然没有被大风刮倒，而我却被狂风摧残成了这个模样。"

"你和狂风抗争，最后你失败了；而我们正好相反，只要有一点微风，我们就在它面前弯下腰来，所以，我们能避免被摧残，不会被折断。"芦苇说。

枫杨满脸通红。红叶石楠点评说："我们在生活中要学会像芦苇那样遇事该忍的忍一忍，做事要三思而后行。古人曾说：'不有所忍，不可以尽天下之利。'的确，忍让几分，必要时弯弯腰，低低头，就可以避免危机，给自己带来长久的平安。韩信能受胯下之辱才能成就后来的大事业。"

"忍一时风平浪静，退一步海阔天空。我最会忍了，没办法我就躲到地下去。"狗尾草嬉皮笑脸。

润心

芦苇正要加入议论，被荷花一把拉住。荷花说："闲话少说，浪费时间，我们还是来探讨诗文。"

"你又发现了什么好诗句？"芦苇急问。

"你听，刘禹锡的《晚泊牛渚》：芦苇晚风起，秋江鳞甲生。残霞忽变色，游雁有余声。戍鼓音响绝，渔家灯火明。无人能咏史，独自月中行。写得多好。"荷花沉浸其中。

芦苇细细品味，不停点头。狗尾草抱怨听不懂。

荷花将其翻译成白话文：晚风从芦苇丛中吹来，秋天江水漾起鳞甲般的波浪。晚霞很快改变了颜色，宿歇的征雁还有声响。军营的鼓声停了下来，渔家的灯火已经点亮。没有人能像袁宏那样咏史，我独自在月下徘徊彷徨。

狗尾草嚷嚷着要荷花进一步解读，荷花无奈，赏析道："此诗首联寥寥数语就为全诗定下了一个凄清衰飒的基调。晚风吹动芦苇丛，左右摇摆，秋天的江水在微风的轻拂下泛起鳞甲般的阵阵涟漪。一个'晚'字，一个'秋'字，使全诗冷气袭人，同时也恰是诗人心境的投射。"

狗尾草想插问，被大叶黄杨制止，示意他专心听下去。

荷花接着说："颔联两句继续写眼前之景，满天的晚霞忽然变了颜色，远处天边征行的大雁隐约传来声响。'残霞'点出一个'晚'字，'游雁'烘托出秋的气氛。看似不经意地随机点染，却处处紧扣诗题。这两句采用了视听结合、动静结合的手法，描写了残霞变色、远雁哀鸣的景色，渲染了一种寂寥、凄清的伤感情调。"

说到这里，荷花环顾四周，见植物们静静听着，没有问题提问，就继续说："颈联两句显示了时间的推移，军营里的鼓声已慢慢没有了声响，江面上的渔家已是万家灯火。虽然没有使用具体的时间词，但'鼓响绝''灯火明'都已说明夜已深了，这种写法使诗句顺承而又自然，诗人在小处用心的功夫可见一斑。

"尾联两句是诗人抒发感慨之语，如今再没有人能像袁宏那样咏史，诗人只有独自在月下寂寞地徘徊。当年咏史的人已不在，只有那一轮明月仍高悬在

润心

空中。历史的兴亡，人事的更替，诗人触景生情，一时间万千思绪涌上心头。这两句表面上是说当世没有人能咏史，因而不必希望遇到谢尚，实则借袁宏因咏史而得谢尚提携的故事，抒发自身虽有才华却无人赏识的伤感，含蓄批判了排斥贤才的社会现实。其中'独自'一语既是诗人独身一人的生动写照，又是其寂寞心境的真实流露。"

在一阵掌声后，荷花总结道："全诗文字简约，风格流畅，以写景见长。风吹芦苇，水波荡漾，残霞变色，游雁哀鸣，戍鼓音绝，渔家灯明，明丽中自有凄清之致，清新中暗含萧瑟之感。借景抒情，情随境生，情与景的有机结合使其成为一篇佳作。"

这时，一轮明月高挂，金风送爽，池天一碧，水月相融。芦苇感觉浑身通透，刚要发表感言，突然听到有人往这里走来的脚步声，就嘘的一声，示意植物噤声，且看人们在荷塘边如何赏月。

润心

耕读传家

　　深秋的周末，香樟王在小区植物业委会办公室忙碌。沙朴、广玉兰、乌桕等植物前来汇报工作，来到门口，沙朴眼尖，发现门框上面贴着一条横幅，上书"耕读传家"四个大字。

　　进屋坐定后，沙朴问起横幅的事。香樟王说："难得今天我不忙，给你们讲讲耕读传家的事吧。"沙朴等拍手叫好。

　　香樟王缓缓说道："在中国，耕读传家有几千年的历史，这里一个'耕'，一个'读'，我先说'读'字。所谓'读'，就是读书做学问，学而优则仕是广大知识分子梦寐以求的追求，一种途径是通过科举制度考出去，通过乡试、会试、殿试三级考试选拔人才，乡试一般每三年举行一次，参加乡试的是由本省学政通过科考选出来的秀才，这些秀才集中起来考试，考中者称为举人，第一名称为解元。"

　　沙朴问："那会试呢？"

　　香樟王说："会试是乡试后，考中的举人集中到礼部考试，取中的称为贡士，第一名称为会元。"

　　"那殿试又是怎么回事？"广玉兰插问。

　　香樟王说："殿试是皇帝主试的考试，内容是考策论，参加殿试的是贡士，取中者统称为进士。殿试第一名俗称状元，第二名俗称榜眼，第三名俗称探花。学子们通过考中举人、贡士、进士，获得做官的资格，从而施展平生所学报国做事业，这是古代知识分子的普遍情怀。"

润心

乌桕问："那读书人都必须通过这样才能有机会出仕吗？"

香樟王说："那也不是，还有一种途径是被伯乐看中，也可能被直接提拔上去，比如诸葛亮就是最好的例子。特别是在乱世当中，有真才实学的最有可能冒出来，因为乱世出英雄，英雄就要不拘一格招揽人才。"

"那读书人都想着走这条路吧？"沙朴自作聪明。

香樟王说："那倒不是，这是一座围城，城外的人想进去，城里的人想出来，这方面最有名的当数陶渊明了。在浙江，明代的刘伯温、汉代隐居富春江钓鱼的严子陵，都是很有代表性的人物。"

广玉兰说："刚才聊的是'读'的内容，接下来想请教'耕'的方面。"

香樟王说："说到耕，那就是真正意义上的农夫生活。耕就是劳动，就是农民的作业，也是最基本最朴素的生产力，现在称之为第一产业，只有通过耕作，生产出粮食，才能解决人们的吃饭问题。所以，耕作文化是中华民族传统文化的重要组成成分。在南方，稻米是主粮，生产稻米也是耕作的主题，早在七千多年前，中华民族的先祖就在许多地方种植水稻，现在有迹可循的就有浙江余姚河姆渡遗址、河南渑池仰韶村遗址、安徽肥东大陈墩遗址、江苏南京庙山遗址等。随着时间的推移，稻米在粮食中的地位越来越高。先秦时，五谷指的是'麻、黍、稷、麦、菽'，还没有包括稻米，而到了汉代以后，'稻'逐渐取代了'麻'。到了唐宋时，稻米就上升到了主粮的地位，尤其在南方，稻米成了人们粮食的重要来源。家喻户晓的《三字经》中，就将'稻'置于首位：稻粱菽，麦黍稷。此六谷，人所食。"

"那这个'耕'和'读'有联系吗？"乌桕追问。

香樟王说："当然有联系了，'耕'和'读'是不分家的，'耕'是实践，'读'是理论，理论从实践中来，实践通过理论上升到新的高度。比如这个稻米，农夫在生产实践中，就自然而然地将稻米列入日常的语言甚至文学之中。在成语、俗语中，常用稻米作比喻，比如偷鸡不成蚀把米、生米煮成熟饭、等米下锅、米珠薪桂、巧妇难为无米之炊、不为五斗米折腰、粒米束薪、柴米夫妻、柴米油盐酱醋茶，等等。在诗词中，以稻米为描写对象的作品亦比比皆是。

润心

如杜甫写的《秋兴八首》中有'香稻啄余鹦鹉粒，碧梧栖老凤凰枝'的诗句，白居易写的《春题湖上》有'碧毯线头抽早稻，青罗裙带展新蒲'的诗句，范成大在《夏日田园杂兴》中写出了'饼炉饭甑无饥色，接到西风熟稻天'的诗句；辛弃疾在《西江月·夜行黄沙道中》中更是写出千古名句'稻花香里说丰年，听取蛙声一片'。

"另外，劳动人民在稻米的生产过程中，形成了中华民族特有的一些传统风俗节日，比如用糯米粉做成了汤圆，形成了元宵节；用糯米做成了粽子，形成了端午节，进而和祭祀屈原联系在一起；由乌米饭形成了中元节中给先人供奉米饭的仪式，由月饼形成了中秋节团圆赏月的习俗；等等。"

沙朴又问："民以食为天，稻米那么重要，古往今来够吃吗？"

香樟王说："稻米相对于其他谷物来说，属于精细之粮。古代时，即使是南方，普通老百姓家也不能天天吃上白米饭、喝上白米粥，稻米中大都要掺进许多瓜菜或其他粗粮。至于北方，一般的家庭更难得吃上一次米饭。所以，盛产大米且经常吃到米饭的地方，是被人羡慕的富裕之地，苏杭所代表的江南之所以被人们赞为'人间天堂'，很大程度上是因为它是'鱼米之乡'，是'天下粮仓'。

"水稻的种植对于民族精神和品格的形成，也有一定的促进作用。从耕耘、育秧、插秧、薅秧、浸水、晾秧、收割、脱粒、晒谷、储藏、舂碓，在这些过程中，人们要付出极其艰辛而细致的劳动，农夫们从清明时节下种到中秋节左右收割，没有一天有空闲，所谓一分耕耘，一分收获；一滴汗水，一粒粮食。唐代诗人李绅有诗曰：

锄禾日当午，汗滴禾下土。

谁知盘中餐，粒粒皆辛苦。

"这首诗真实地描写了水稻种植的艰苦，而没有丝毫的夸张，所以，他用《悯农》作为这首诗的题目。

"中华的先祖自将野生水稻驯化成庄稼之后，一年一年地种植，直至现在，中华儿女在几千年中养成了勤劳、踏实的品性。在水稻的成长过程中，水是必

润心

备的条件，但也不能过多。没有水禾苗会枯死；水过多又会成涝，将稻禾淹死或将就要成熟的稻谷泡烂。而无论是灌溉，还是排放，都不是一家一户就能做到的事，而是需要一个村庄，甚至一个地区，全局一盘棋，大家齐心合力地去做，才能达到趋利避害的目的，因为一家一户不可能隔空引水或排水。于是，为了生存和生活得更好，人们便自觉地团结互助，睦邻友好。久而久之，中华民族克己奉公的集体主义观念便养成了。

"南方雨水丰沛，有着天然的稻谷种植的良好条件，随着稻作技术的不断成熟，水稻种植面积越来越大，这不但使南方的人口不断增长，还使得大量北人南迁成为可能。为什么北宋以前的中国人口从未超过 6000 万，而此后人口不断增加，到清朝末年竟达到了 4 亿多？应该说，问题的关键在很大程度上归功于南方水稻种植面积的扩大。北方人口的不断南移，造成明代之前先进的北方文化全面地向南方输入，并和南方本土文化相结合，从而创造了灿烂辉煌的长江文明。可以这样说，没有水稻，就没有长江文明；而没有长江文明，中华民族的传统文化无疑少了重要的一块。"

乌桕问："'耕'建立在'田'的基础上，要耕就要有'田'，田够吗？"

香樟王说："古代人很早就知道耕者有其田的道理，奴隶社会时就搞井田制、分封制，'田'是主要的资产。在封建社会，'田'集中在少数人手中，制约了生产力的发展，农民起义领袖提出的'均田地'是朴素的道理，可惜他们不彻底，所以失败了。共产党搞土地改革，领导贫苦农民翻身做主人，所以得到了老百姓的拥护，取得了革命的胜利。

"以前是'田'少，人也少，现在人多了，但'田'是有限的，所以粮食问题就是事关国家安全的大问题，耕地保护红线就是这样划出来的。"

"刚才说的都是中国国内的稻作文化，那稻作文化对国外有什么影响？"广玉兰问。

香樟王说："在中国古代，文明输出的路线，影响深远的除了'丝绸之路'，还有'水稻之路'，前者往西，后者往东，'水稻之路'的输入国主要是朝鲜和日本。按经济基础决定上层建筑的社会发展规律来衡量，'水稻之路'对输

润心

入国的文化影响更大，为何朝鲜和日本自觉地奉行中国的儒家文化？能从这里找到部分答案。

"由此可见，'水稻'不仅仅是一种农作物，种植水稻更不能看作是一种普通的农业劳动，因为它们在构建中华民族文化的过程中，发挥着积极而重要的作用，而且还对东亚民族的文化产生过良好的影响。从民生的角度来看，'水稻'在今日仍然承担着养活中国人的重要任务，它的盛衰事关国家的安全与社会的稳定，因此，无论是从文化还是从经济的角度来看，都必须对水稻种植予以高度重视，必须大力传承与弘扬稻作文化，并不断提高水稻的产量与质量。这也就是袁隆平成为中国的民族英雄的原因，因为以他为代表的创新团队发明的杂交水稻，大幅度地提高了水稻产量，解决了中国人的吃饭问题。"

沙朴说："一个'耕'字，一个'读'字，概括了中国农耕社会的发展历程。这里面奥妙无穷啊，值得我们好好研究。"

一阵感叹后，香樟王回过头来，问："你们来找我，有什么事吗？"

"我们要向您请示工作呢。"沙朴说完，几个植物就交头接耳商量起来。

润
心

诗文与生活

　　深秋，晴空万里，阳光普照。枫红如霞，桂香似酿。沐浴在如此美好的环境中，小区植物适时推出了诗文比赛活动，大家积极参与，纷纷准备起来。

　　这天上午，看到老槐树在公园旁晒太阳，一些植物围了上来，拿出笔记本上的习作，请老槐树作指导。

　　老槐树眯着眼，先翻看了雀舌黄杨写的几首诗，摇摇头，问她："你去过什么地方？"

　　"我一直住在这个小区里，几乎没怎么出去过。"雀舌黄杨如实回答。

　　老槐树先给雀舌黄杨讲了个关于"补诗"的故事。北宋嘉祐年间，在京城郊外一个古庙墙壁上，题着杜甫《曲江对雨》一诗，由于风吹雨蚀，日久年深，其中"林花著雨胭脂？"的最后一字已经看不见了。传说有一天，苏东坡、黄庭坚、秦观、佛印到此一游，发现墙上句子缺了一字，便相约各自补诗：苏东坡补一"润"字，黄庭坚补了"老"字，秦观补上"嫩"字，佛印补入"落"字。

　　"这有什么讲究？"雀舌黄杨还没有领会。

　　老槐树说："从苏东坡的'润'字能看出逆境中仍然乐观而生趣盎然。黄庭坚的'老'字则体现曾经的颓唐。从'嫩'字可见秦观的青春气息和柔情似水的一面。'落'字反映出家人对胭脂红的陨落、身世的不堪很无奈。"

　　"那杜甫原作是什么字？"沙朴对此很感兴趣。

　　"后来，他们查了杜甫的原作，是个'湿'字，四人都叹服不已，觉得这

润心

湿字恰好把雨后的花朵带着水滴的状态写出来了。而补入的润、老、嫩、落虽各有千秋，但是细细品味，总感觉还是杜诗的'湿'字更真切。"老槐树说完了故事。

"你想告诉我什么？"雀舌黄杨似懂非懂，一脸茫然地问道。

"诗言志！诗和远方是连在一起的！习诗的功夫无底，但都是来源于生活，不同的生活经历就会写出不同的诗。小伙子，别急，多走出去，到生活中去磨练吧。"

雀舌黄杨离开后，老槐树再看枫杨写的作文，说的是他在午后烈日下，汗流浃背地收割黄豆的故事。老槐树问枫杨："这是你亲自经历的吗？"枫杨羞愧地摇摇头。

老槐树说："我来告诉你我的亲身经历。我小时候，有一年我家门前地里种了一些黄豆。一天中午，天气异常炎热，我路过那块地的时候，碰到了地里的黄豆，然后就听到了那一串串饱满的豆荚发出了噼里啪啦的声音，跟放炮似的。我站在那里一看，原来是黄豆从豆荚中炸裂出来了，然后直接蹦到了地上，掉得到处都是，那声音就是豆荚炸裂时发出的。回到家后，我立刻拿出镰刀，告诉爷爷：'咱家的黄豆都熟透要炸裂了，豆子都蹦出来了，我们赶快去收割吧！'爷爷却慢悠悠地说：'不急，黄豆熟透要'炸荚'了，我们明天清晨再去收割吧！'我当时以为爷爷嫌天气太热，想等第二天早上天气凉的时候再去收割，就说：'那您休息吧，我不怕热，我现在就去收割！'没想到爷爷却说：'你不能去！现在正是一天中最热的时候，烈日当头，豆荚都晒焦了，都已经炸荚了，这时候如果再一碰的话，就都爆开了，豆子全都会四处乱蹦，更加无法收拾了。等到明天清晨的时候，夜里下了露水，豆荚潮湿后，就不会爆开了！'我听了爷爷的话，第二天一大早，和爷爷一起去收割黄豆。果然，像爷爷说的那样，豆秸、豆荚潮乎乎的，直到全部割完，几乎没有一个豆荚爆开，没有一颗豆子蹦出来。"

枫杨羞得满脸通红，老槐树接着说："老话说得好，雨天不收草，烈日不收豆，因为下雨天背稻草，会越背越重，烈日下割豆子，豆子会蹦出来。所以，收获，也是要讲究时机的。同样是熟透了的果实，如果收获的时机得当，那就会满载而归；如果不能把握适当的收获时机，那到手的果实也有可能会不翼而飞，会让你劳而无功。在不合适的时间，做合适的事情，依然不会成功，因为时机不对。因此，无论是在工作中还是在生活中，我们在做事情的时候不能急功近利，急于求成，有时候我们需要耐心地等待，等待最佳时机的到来！写诗作文也是一样的道理。"

枫杨不停点头，说："我懂了。"

老槐树接着看无患子的文章，翻了几页，皱起了眉头。老槐树问："你平时都接触些什么植物？"

等无患子报出了几个名字后，老槐树心中有数了。他说："一只蜻蜓来到一个陌生的地方，问苍蝇：'这附近有鲜花吗？'苍蝇回答：'鲜花我可没看到，不过污水沟里到处都有罐头瓶子、粪便和垃圾。'蜻蜓遇到一只蜜蜂，也问了同样的问题。蜜蜂开心地说：'这附近很美，随处都有清香扑鼻的鲜花。'接着，蜜蜂介绍了哪块草地上有百合花，哪里的风信子刚刚吐蕊绽放。蜻蜓听了后，满脸堆笑地飞去了。"

"请老师明示。"无患子毕恭毕敬。

老槐树说："从你的文中，看到的都是灰暗色，这和你接触的朋友有关。选择朋友很重要。和优秀的植物在一起，就如同找到了人生的明灯，指引你看到更多的美景。不知不觉中，提升你的眼界和格局，让你散发出无限的力量与光芒。反之，我就不多说了。"

"太感谢了。"无患子鞠躬致意。

"请老槐树总结一下。"沙朴提议。

"谈不上总结。"老槐树站起来，慈祥地看着大家，缓缓说道："我们写诗作文为了什么？为了丰富我们的文化生活，舞文弄墨只是生活的一部分。植物的生活就是脚踏实地，接地气，为人民服务，自己的生活丰润了，诗和远方也就有了。这是我不成熟的一点想法，和大家共勉。"

现场响起了雷鸣般掌声。

沙朴采风

润园小区植物沙朴在写一部长篇小说，里面要有男女主人公的爱情故事。沙朴因没有这方面的生活经验，所以写了几稿都不满意，无奈之下，跑去向老槐树请教。

老槐树闻知沙朴的来意，笑着说："你真是聪明一世，糊涂一时。杭州是浪漫之都、爱情之都，发生在杭州的轰轰烈烈的爱情故事多得很，你可以参考啊。"

"有哪些？说来听听。"沙朴央求。

老槐树说："最有名的一是梁山伯和祝英台的故事，二是许仙和白娘子的故事。你若想亲身感受，要去实地采风，找感觉。"

沙朴问："我到哪里去寻访他们的故事呢？"

老槐树说："你要了解'梁祝'的故事，可以去万松书院看看，如果要了解许仙和白娘子的故事，建议你去西湖边走走。特别是在白堤断桥附近，你要格外留意，说不定在那里你能够见到白娘子呢。"

沙朴大喜，第二天一早，就赶往万松书院。深秋的早上是美丽的，一层薄薄的雾在空中轻盈地飘荡着，路边行人的欢声笑语，夹杂着汽车"嘀、嘀"的喇叭声，交织在一片朦胧之中。这些都预示着新的一天的开始。当懒洋洋的阳光照射到树梢的时候，雾气就像幕布一样徐徐拉开，地面也渐渐显现在秋日的温暖中。

沙朴急于赶路，也无心欣赏沿途的风景，好在路不远，很快就到了，但来

润心

得太早了，书院里稀稀拉拉的没有几个人，沙朴就先看关于书院的介绍。

原来这万松书院，位于杭州凤凰山北万松岭上，书院始建于唐贞元年间，原名报恩寺。明弘治年间，改辟为万松书院。明代理学家王阳明曾在此讲学。清康熙帝为书院题写"浙水敷文"匾额，遂改称为敷文书院。万松书院是明清时杭州规模最大、历时最久、影响最广的文人汇集之地。在 2007 年 10 月 20 日西博会开幕式晚会上，宣布了"三评西湖十景"的结果，万松书院被誉为"万松书缘"，成为新一代西湖十景之一。

看到这里，沙朴心中纳闷，明明这里就是明清时代的最高学府，这万松书院怎么成为万松书缘了，并且老槐树怎么说这里和梁山伯祝英台有关联呢？难道这里面有什么玄机？

沙朴仔细观察，果然发现在万松书院里，设置了一明一暗、一实一虚两条文化主线：明线为"明清知名学府"，暗线为"梁祝爱情之地"，中轴线上以古代书院的布局为实景，而在右侧石林中又依自然地势巧妙点缀与"梁祝"十八相送有关的场景，如观音堂、草桥亭、独木桥等，让美丽的传说为肃穆的书院增添了更多的人文情怀，同时让爱情故事有了真实的场景可以寻找。

万松书院别出心裁地在"成人""成家"上做文章。所谓"成人"，即学习中国传统的儒学文化，以书院为学习场所，从古圣先贤的经典著作中学习做人的准则，延伸产物为"万松讲堂"。所谓"成家"，即是从"梁祝"爱情故事中派生出来的寻找意中人、成家立业的意思，延伸产物为"万松书院相亲会"。

自开办"万松书院相亲会"以来，万松书院以公益红娘的姿态，为杭州人提供相亲平台，受到人们越来越多的关注和参与。经过境内外媒体争相报道，万松书院由此名声大振。

沙朴沿着暗线转了一圈，当回到起点时，那里已经人声鼎沸，一打听，原来这些人是来相亲的。沙朴一看不对啊，按理说既然是来相亲的，应该大多数是年轻人啊，怎么在这里谈得热火朝天的却大部分是老年大妈呢？

沙朴想不明白，就去问坐在旁边晒太阳的一位大伯。大伯朝沙朴看看，问他："你是外地人？"

润心

沙朴点点头，说自己只是路过的，觉得好奇，所以发问。

大伯说："可惜了，看你一表人才，要是在杭州工作，那会有多少丈母娘盯上你呀！"

沙朴大吃一惊，说："丈母娘盯上我干什么？"

大伯哈哈大笑说："看来你是真的不知道，你不要怕，听我说。现在杭州城里的年轻人，都不急着找对象，都快三十的人了，还像没事人一样。子女不急，可是父母急啊，特别是家中有大龄女儿没找好对象的，那父母亲真是急都急死了。这不，我们家里就摊上了这样一个女儿，她妈妈是每周都要到这里来转悠，总想钓到个金龟婿，我又帮不了什么忙，只好坐在这里晒太阳。"

沙朴问："你的意思我明白了，可怜天下父母心，就是儿女不急大人急。但我不明白的是为什么大家喜欢到这里来相亲呢？"

大伯说："一是这里很早以前是高等学府，有书香味；二是这里有梁祝故事,这个梁祝忠贞不渝的爱情故事非常动人,梁祝就是中国的罗密欧与朱丽叶。"

沙朴又问："梁祝爱情故事和这里有什么关系呢？"

大伯说："梁山伯与祝英台是在这里一起读书的，乔装求学、草桥结拜、同窗共读、十八相送等主要的情节都是在这里发生的。"

沙朴说："看来大伯对梁祝故事很熟悉，能不能说给我听听？"

大伯说："小伙子，难得你对这个感兴趣，我也正好坐在这里无聊，那就给你讲一讲梁祝的爱情故事。"

"原来在早先，在浙江上虞县祝家庄，玉水河边，有个祝员外，其女名祝英台，生得美丽聪颖，自幼随兄习诗文，慕班昭、蔡文姬的才学，恨家无良师，一心想往杭州城访师求学。

"祝员外先是拒绝了女儿的请求，但祝英台求学心切，伪装卖卜者，对祝员外说：按卦而断，还是让令爱出门的好。祝父见女儿乔扮男装，一无破绽，为了不忍使她失望，便勉强应允了。

"祝英台女扮男装，去杭城求学。途中，邂逅了会稽郡书生梁山伯，两人一见如故，相谈甚欢，在草桥亭上撮土为香，义结金兰。不一日，二人便来到

润心

131

杭州城的万松书院，拜师入学。从此，同窗共读，形影不离，同学三年，情深似海。

"祝英台深爱梁山伯，但梁山伯却始终不知她是女子，只念兄弟之情，并没有特别的感受。祝父思念女儿，催归甚急，祝英台只得仓促回乡。梁祝分手，依依不舍。在十八里相送途中，祝英台不断借物示意，表达爱慕之情。但梁山伯忠厚淳朴，不解其故。祝英台无奈，谎称家中九妹，品貌与己酷似，愿替梁山伯做媒，可是梁山伯家贫，未能如期而至，待梁山伯去祝家求婚时，得知祝父已将祝英台许配给太守之子马文才。

"美满姻缘，已成泡影。二人楼台相会，泪眼相向，凄然而别。临别时，二人立下誓言：生不能同衾，死也要同穴！

"梁山伯回家不久便郁郁而终。祝英台闻之，悲愤不已。结婚当日，祝英台向父亲提出要先到梁山伯墓前拜祭，否则宁死不上花轿。祝父无奈，只得应允。祝英台在墓前哭祭时，突然天昏地暗、电闪雷鸣。在狂风暴雨中，坟墓豁然开裂。祝英台纵身跃入，墓包徐徐合拢。过后，风雨顿息，阳光灿烂，梁山伯与祝英台化作一对彩蝶，在人间蹁跹飞舞。他们的爱情在历经风雨过后获得了自由和重生。"

大伯说到这里，说了声"故事讲完了"。再看沙朴，他已泪流满面、泣不成声。

大伯点点头，自言自语道："现在像这样重感情的年轻人很少见了。"

沙朴受到感染，就告别大伯，寻一僻静处，重构他小说的爱情故事情节去了。

润心

断桥寻迹

　　沙朴为了描写长篇小说里主人公的爱情故事，听从老槐树的建议，先是去万松书院采风，耳闻目睹了梁山伯与祝英台的悲情。沙朴回到润园后，伤心了一个晚上，第二天一早又赶到西湖边的断桥，去寻访许仙与白娘子的遗迹。

　　断桥是西湖最出名的一座桥。杭州西湖，有四大爱情之桥——西泠桥、长桥、断桥、跨虹桥，盛名经久不衰。西泠桥、长桥、断桥是古代的爱情桥，而跨虹桥是现代的爱情桥，是众多情侣约会相游的地方，其中最负盛名的却是断桥。它的名字是与中国民间故事《白蛇传》中缠绵悲怆的爱情故事联系在一起的。

　　断桥残雪是西湖著名的景色，属于西湖十景之一。以冬雪时远观桥面若隐若现于湖面而著称。断桥是欣赏西湖雪景的极佳之地。《白蛇传》的故事，为断桥景物增添了浪漫的色彩。

　　每当瑞雪初霁，站在宝石山上向南眺望，西湖银装素裹，白堤横亘，雪柳霜桃。断桥的石桥拱面无遮无拦，冰雪消融之后露出了斑驳的桥栏，而桥的两端还被皑皑白雪覆盖着。依稀可辨的桥身若隐若现，而涵洞中的白雪熠熠生光，桥面呈灰褐色，桥身桥面形成反差，远远望去似断非断，故称"断桥"。伫立桥头，放眼望去，远山近水，尽收眼底，给沙朴留下生机勃勃的深刻印象。

　　沙朴以前就听说过，杭州为南宋国都，而钱塘自古繁华。西湖里轻舟画舫，歌舞升平。古时年轻貌美女子为客人献歌献艺，引得各地官宦富商趋之若鹜，不惜一掷千金以博美人一笑。比如苏小小，她是名人，也是美女，曾是西湖演艺界的明星。

莲花深处一叶舟，香波摇曳美人袖。

朱唇抚箫赋新词，轻歌喃呢解君愁。

名臣良将，富商豪杰，闻之神往，过之不忘。

杭州西湖的美人美景声名远扬，沙朴对此早就仰慕已久。今天，沙朴亲自来到这里，放眼望去，但见断桥面目沧桑，似乎正在用低缓的语调，平静地叙述着发生在这里的一切故事。此时的断桥，依旧静卧于西湖之上。它每天凝望着，从朝霞满天到日上枝头，直至黄昏无限。无数游人从它的身上走过，在它的桥栏抚过。断桥，以一颗包容的心，装下了一切。

沙朴在断桥上来来回回地走了几遍，想找一点儿许仙与白娘子的遗迹出来。正在这时，来了一大队人马，原来是来自苏州的一个旅游团，在导游的带领下来到了断桥，举着导游旗的导游站到了桥的最高处，开始介绍《白蛇传》的故事。

沙朴借机混进旅游团听导游滔滔不绝地说了起来：

"传说在很久以前，有一条白蛇修炼了一千年，终于修炼成人，化为美丽端庄的白娘子。一条青蛇修炼了五百年，化为富有青春活力的小青姑娘。她们二人结伴来到西湖游玩，当她们来到断桥时，白娘子在人群中看见一位清秀的白面书生，心中暗生爱意。小青便悄悄地作法，令天特降大雨。白面书生许仙正打着伞来湖边乘船，正好看见白娘子和小青被大雨淋得狼狈。许仙忙把自己的雨伞递给她们，自己则躲得远远的，被雨淋得全身湿透。

"白娘子看见许仙这样老实腼腆，心里更喜欢了，许仙也对美丽的白娘子产生了爱慕之情。在小青的撮合下，许仙和白娘子成了亲，并且在西湖边上开了一家药铺，治病救人，乡亲们都很喜欢他们。

"但是金山寺的法师法海和尚却喜欢多事。他认为白娘子是妖精，会祸害民间。他悄悄地告诉许仙，说白娘子是白蛇化身而成的，还教许仙怎样识别白蛇，许仙将信将疑。转眼端午节到了，老百姓都喝雄黄酒避邪，许仙就按照法海教的办法设法让白娘子喝雄黄酒。这时候白娘子已经怀孕了，喝了雄黄酒后，

润心

马上现出了原形，许仙看到后，立刻被吓死了。

"白娘子为了救活许仙，不顾自己怀孕在身，千里迢迢地来到昆仑圣山偷盗有起死回生之效的灵芝草。白娘子与守护灵芝草的护卫拼命恶战。护卫被白娘子感动了，将灵芝赠给她。许仙被救活以后，知道白娘子真心爱自己，不管她是蛇是人，她都是自己的妻子。从此，夫妻俩更加恩爱。

"可法海还是容不下白蛇在人间生活，他设计将许仙骗进金山寺，强迫他出家为僧。白娘子和小青非常愤怒，率领水族士兵攻打金山寺，想救出许仙。她们不断作法，引发洪水，金山寺被洪水包围，这就是传说中很有名的'水漫金山'。

"法海大显法力，白娘子因为临产，打不过法海，只得在小青的保护下逃跑。当她们逃到断桥时，正遇上从金山寺逃出来的许仙。许仙与白娘子二人经过劫难，又在初逢的断桥相见，百感交集，不由得抱头痛哭。白娘子刚生下儿子，法海就赶来了，他无情地将白娘子镇压在西湖边的雷峰塔下，并留下一句偈语：'西湖水干，江湖不起，雷峰塔倒，白蛇出世'。

"多年后，小青修炼得道，重回西湖，她打败了法海，将西湖水吸干，将雷峰塔推倒，终于救出了白娘子。"

导游的故事讲完了，旅游团的大队人马在一片嘻笑声中往平湖秋月方向走去，只有沙朴还沉浸在故事的情节当中。他看了看西湖湖面，望了望宝石山，口中念念有词："西湖山水还依旧，看到断桥桥未断，我寸肠断，一片深情付东流。"吟毕，已是泪流满面。

润心

沙朴做梦

润园植物沙朴去了杭州万松书院和西湖断桥后，回来对老槐树说："《梁祝》的故事和《白蛇传》的故事我都听到了，太感人了，但这都是些传说，在附近有没有真实动人的爱情故事，我想去采访，以便作为创作的素材，丰富我长篇小说的内容。"

老槐树说："真实的爱情故事很多，你可以去绍兴的沈园看看，或许你有特异功能，能寻觅到陆游唐婉的踪迹也不一定。"

沙朴问："这个陆游是不是南宋时的爱国诗人陆放翁？"

老槐树说："就是他，你对他熟悉？"

沙朴说："熟悉谈不上，但他写的诗我特别喜欢，像'山重水复疑无路，柳暗花明又一村'，又比如'王师北定中原日，家祭无忘告乃翁'，写得多好，我一直是十分敬仰他的。"

老槐树说："既如此，你就去他的家乡看看吧。"

沙朴急匆匆赶往绍兴。来到绍兴城里，沙朴先去拜谒陆游故居，了解到陆游出生于名门望族、江南藏书世家。陆游的高祖陆轸是大中祥符年间进士，官至吏部郎中；祖父陆佃，师从王安石，精通经学，官至尚书右丞，所著《春秋后传》《尔雅新义》等是陆氏家学的重要典籍。陆游的父亲陆宰，通诗文，有节操，北宋末年出仕，南渡后，因主张抗金受主和派排挤，遂居家不仕；陆游的母亲唐氏是北宋宰相唐介的孙女，亦出身名门。陆游生逢北宋灭亡之际，少年时即深受家庭爱国思想的熏陶。

陆游一生笔耕不辍，诗、词、文，都有很高成就，其诗语言平易晓畅、章法整饬谨严，兼具李白的雄奇奔放与杜甫的沉郁悲凉，尤以饱含爱国热情对后世影响深远。陆游亦有史才，他的《南唐书》"简核有法"，史评色彩鲜明，具有很高的史料价值。

从陆游故居出来，沙朴直奔沈园。沈园又名"沈氏园"，至今已有八百多年历史，是南宋时一位沈姓富商的私家花园，占地七十亩之多。园内亭台楼阁，小桥流水，绿树成荫，一派江南景色。沈园是绍兴历代众多古典园林中唯一保存至今的宋式园林。

沈园分为古迹区、东苑和南苑三大部分，有孤鹤亭、半壁亭、双桂堂、八咏楼、宋井、射圃、问梅槛、钗头凤碑、琴台和广耜斋等景观。

陆游曾在此留下著名诗篇《钗头凤》。词于壁间，极言"离索"之痛。沙朴到沈园时，园内空无一人，他就在壁间细细参悟《钗头凤》，也许是连日劳累所致，或者是参悟《钗头凤》用脑过度，沙朴只觉得有点头晕，就在旁边的石椅上躺了下来，一躺下竟睡了过去。

在睡梦中，沙朴看到一个书生打扮的人走了过来，奋笔在墙上题下《钗头凤》这首千古绝唱：

红酥手，黄籘酒，满城春色宫墙柳。

东风恶，欢情薄，一怀愁绪，几年离索。

错，错，错！

春如旧，人空瘦，泪痕红浥鲛绡透。

桃花落，闲池阁，山盟虽在，锦书难托。

莫，莫，莫！

书生写好离去后，只见又过来了一位女士，提笔和《钗头凤·世情薄》词一阕：

世情薄，人情恶，雨送黄昏花易落。

晓风干，泪痕残，欲笺心事，独语斜阑。

难，难，难！

润心

人成各，今非昨，病魂常似秋千索。

角声寒，夜阑珊，怕人寻问，咽泪装欢。

瞒，瞒，瞒！

女士写完后离开了，沙朴觉得这二人都似曾相识，却总是想不起她们的名字，待要叫住她们，感觉就是张不开嘴。正急时，又见这书生女士各自转了一圈，刚好到这壁间碰面了，只见书生拉住女士的手说："你不是婉表妹吗？"

女士也握着书生的手说："是啊，我是唐婉，你是游表哥吧？"

书生激动地说："表妹，我找得你好苦啊！你可知道，多少年来，我是每天要来这里转上一圈。今天难道是苍天开眼，终于让我见到你了。"

女士弱不禁风的身体晃了晃，幽幽说道："我又何尝不是？想当年我们俩青梅竹马，结为伴侣，婚后情投意合、相敬如宾、伉俪情深。可后来怎么会走到'执手相看泪眼'的地步？"

书生涕泪交垂，轻声说："都是因为我母亲怕我沉溺于温柔乡中，不思进取，误了前程，所以逼迫我休妻，也怪我太孝顺母亲，而伤透了你的心。现在我是想明白了，既然老天让我们再次相遇，我就再也不会让你离开了。"

女士拿出素绢方帕，擦了擦泪水，说："我也不怨你，都是旧时代的错，在那时，我俩纵然百般恩爱，终落得劳燕分飞的地步。而现在，尽管过了八百多年的光阴，但那份刻骨铭心的情缘始终留在我们情感世界的最深处。"

润心

书生唏嘘着说："是啊，自从我俩上次沈园一别，得知你郁恺成疾，在秋意萧瑟的时节，化作一片落叶悄悄随风逝去，我虽然浪迹天涯数十年，然而离家越远，你的影子就越萦绕在我的心头。但灯暗无人说断肠，这忏悔之心，恨意切切，几百年了，对旧事、对沈园依然怀着深切的眷恋。"

女士强颜欢笑道："追忆似水的往昔、叹惜无奈的世事，只这一首《钗头凤·世情薄》说尽了。好在这一切都过去了，愿后人没有像我们这样的悲剧发生。"

书生含着泪吟咏道：

枫叶初丹槲叶黄，河阳愁鬓怯新霜。

林亭感旧空回首，泉路凭谁说断肠？

坏壁旧题尘漠漠，断云幽梦事茫茫，

年来妄念消除尽，回向蒲龛一炷香。

女士回应道："我还知道你另外一首《沈园》。"

梦断香消四十年，沈园柳老不吹绵。

此身行作稽山土，犹吊遗踪一泫然。

念完，两人相拥而泣，然后手拉手慢慢离去。

沙朴只觉得鼻子阵阵发酸，泪水汪汪，在石椅上翻了个身，竟然从上面滚到地下，一下子惊醒过来，才知是做了个梦。忙拍了拍脑袋，掏出纸笔，把刚才梦中的所见所闻记下来。陆游唐婉的深情感动了沙朴，他想：我将这个梦境写进小说，不知道会看哭多少润园植物。

润心

植物审题

润园植物香樟、银杏、枫香，是业委会的正副主任。得知沙朴要写长篇小说，怕他主题跑偏，通知他来办公室讨论。沙朴知道，这名义上是讨论，实际上是对他不放心。但既然几位主任在百忙之中如此关心，沙朴还是乐呵呵地赶了过来。

坐定后，香樟开门见山地问："沙朴，听说你在写长篇小说，创作主题是什么？"

"我这个属于生态文学，就是通过我们很多植物的现实生活，反映生态危机，提示生态安全，体现绿水青山就是金山银山的哲理。"沙朴信心满满。

香樟点点头，说："这个主题好，正能量，切合形势。"

"写小说主要就是编故事，编故事要有场景，你的舞台背景设置在哪里？"银杏接着问。

"我对杭州城熟悉，我构思的故事都发生在杭城，并且主要围绕着西湖及周边山水来展开。"沙朴实话实说。

"主要人物有哪些？"枫香提出新问题。

"文中人物有生长在柳浪闻莺的柳树，白堤的桃树，灵峰的蜡梅，九里松的松树，曲院风荷的荷花，云栖竹径的毛竹，满觉陇的桂花，龙井的茶叶，以及槐树庄的槐，桑树里的桑，樟树下的樟，杭白菊的菊，等等。"沙朴扳着手指头一一道来。

"这个有意思，很有植物的地域感，但总不会只写植物吧？"银杏提出

润心

疑问。

"当然不会，杭州是历史文化名城，杭州的桥，历史上像西湖苏堤的六吊桥、拱宸桥、广济桥、祥符桥、永宁桥、断桥等，故事，现代的像钱塘江上就有十座大桥，各有各的特点；杭州的门，如武林门、清波门、艮山门、庆春门，还有杭州的井，杭州的藏书楼，杭州的石碑，这些地方，都会留下植物故事，也是我书中主人公的活动场所。"沙朴毫无保留，和盘托出。

"人物确定了，场景也落实了，你用什么办法将故事串联起来？"枫香对此很关心。

"用文化这条线串联。"沙朴直截了当地回答，又补充说："这些主要植物都各有特长，比如柳树对杭城的传统工艺品情有独钟，对张小泉剪刀、王星记扇子、都锦生丝绸等都很有研究，是名副其实的工艺大师；毛竹是桥梁工程专家，对杭州的桥胸有成竹；荷花是水利大师，对西湖、西溪湿地、杭州境内大运河等水体了如指掌；桂花是经济专家，大局观强，思想觉悟高，和民生息息相关；桃树喜欢浪漫，有文艺范，整天捧着本书，看《梁祝》《白蛇传》《牡丹亭》等；茶叶是形象大使，喜欢广交朋友，朋友遍天下；松树傲然屹立，高深莫测，蕴含哲学思想。总之，这些植物交织在一起，演绎出杭城山水各种各样的精彩故事。"

听到这里，香樟摇摇头说："我感觉你的人物设置太多太杂，主题不够突出。一部长篇小说成功与否，塑造主人公是关键，一切故事情节都应该围绕着主人公展开。"

"是这样的啊。"沙朴急了，忙不迭地解释说："我就是围绕着桃红柳绿来写的。"

"桃红柳绿？有意思，愿闻其详。"枫香兴趣盎然。

"白堤桃树的名字是桃红，'柳浪闻莺'柳树的名字是柳绿，桃红柳绿是一对恋人，围绕着她们的爱恨情仇，故事徐徐展开。"沙朴缓缓说着，神色凝重，似乎已进入角色。

"为什么选择桃树和柳树做主人公？"银杏的问话把沙朴的思绪拉了回来。

润心

沙朴说："西子湖畔，没有比桃红柳绿更具有诗情画意的了。桃花嫣红，柳枝碧绿，是对绚丽多彩的春天景象的最好形容。唐代王维《田园乐》诗曰：'桃红复含宿雨，柳绿更带朝烟。'元代郑光祖《㑇梅香》一折：'看了这桃红柳绿，是好春光也呵！'《警世通言》卷三〇记载：'顷刻到门前，依旧桃红柳绿，犬吠莺啼。'明代无名氏《大劫牢》四折：'试看这柳绿桃红，佳人罗绮，更和这紫陌红尘，青山绿水，宝马香车，游人共喜。'还有《群音类选·北新水令·骨牌名》中：'断么何处觅？绝六甚时逢，柳绿桃红，羞睹那穿花凤。'古人对桃红柳绿或柳绿桃红的赞誉深深地打动了我，我由此得到启迪。"

香樟点头表示赞许，他补充说："我同意桃红柳绿作为主人公，早在《诗经》里，就有这方面的记载。《国风·周南·桃夭》中：桃之夭夭，灼灼其华。之子于归，宜其室家。桃之夭夭，有蕡其实。之子于归，宜其家室。桃之夭夭，其叶蓁蓁。之子于归，宜其家人。《诗经·小雅·采薇》中：昔我往矣，杨柳依依。今我来思，雨雪霏霏。行道迟迟，载渴载饥。我心伤悲，莫知我哀。这些内容蕴含着家国情怀，具有历史的深度与宽度，都可以写到你的书里去。"

沙朴频频点头，连赞香樟说得高大上，表示一定照办。

枫香提出建议，要增加谈情说爱的篇幅，这样能更好地吸引读者。沙朴回应道："这是个难点，因为我对此经验不足，我为此请教过老槐树，根据他的提示，特地去万松书院、西湖断桥、绍兴沈园等地采风，体验生活，想从《梁祝》《白蛇传》《钗头凤》中学到些本领。"

聊到这里，香樟觉得整体比较满意，选题可以通过。临结束时，问沙朴还有什么困难。

"现在我担心的就是出书难，怕是辛辛苦苦写出来，因为各种原因，出版不了。"沙朴见机会难得，连忙向领导抛出问题，盼着能解决他心头难题。

不等香樟回答，银杏抢先说："树的一生只有两个问题，第一个问题，是找到一个问题。第二个问题，是把他解决了。"

枫香拍拍沙朴肩膀，鼓励道："泡夜店、文身、买醉，这些事情看起来很酷，其实一点难度都没有，只要你想办到随时都可以。真正酷的，应该是那些

润心

不容易办到的，比如：读书、赚钱、健身、早睡早起、孝顺父母，用炙热的心爱人爱己，用你毕生的精力去战胜一个个专业领域。低级的欲望放纵即可获得，高级的欲望只有克制才能达成。"

香樟总结道："每一朵花的绽放，必然要从种子开始，种植、发芽、生根、浇水、成长、开花……一路顽强生长，经风雨洗礼，也像极了我们的一生。成长，就是不断破局、在磨砺中充实自己的过程。学会自我欣赏、学会独立坚强、学会珍惜时光。沙朴，愿你不负过往和将来，绽放成心中的自己。祝你成功！"

选题会就这样结束了。沙朴叹了口气，回自己屋里继续爬格子。

润心

妙喻连珠

进入十一月，深秋的阳光照射过来，晒在小区公园聚会的植物身上，暖洋洋的。

正在谈论的月季花抬头看看日光，突然冒出一句："太阳在微波上跳舞，好像不停不息的小梭在织着金色的花毡。"

植物们很好奇，问月季花怎能想出这么好的句子。月季花笑着说："我哪有这水平，这是诗人泰戈尔写的，形容'日光'意境之美。"

"确实美！那形容'月光'能不能来一句？"狗尾草"得寸进尺"。

"满地的月光，无人清扫，那就折一张阔些的荷叶，包一片月光回去，回去夹在唐诗里。扁扁的，像压过的相思。"月季花脱口而出。

"哇，太厉害了。这又是谁说的？"狗尾草惊呼。

"余光中，也是著名诗人。"月季花满面春风。

"诗人真神，我怎么写出来的东西干巴巴的，没有文采。"狗尾草叹息道。

"老槐树在这里，向他多请教吧。"随着月季花的说话声，众植物一齐看向老槐树。

老槐树也不客气，上前一步，说："我们小区植物，像沙朴已经在写长篇小说，其他植物也有写散文、写诗歌的，学习创作氛围很好。但我也经常听到花草树木们在说，要写出好词好句太难了，我告诉大家一个办法，就是多读书，到书本里去吸取营养。我们经常会被文学大师们绝妙的比喻句惊叹道：哇，真会形容！"

润心

"比喻句？请老槐树再解释下。"狗尾草央求。

"好的比喻，犹如电影里的特写镜头，能达到感触强烈、过目不忘的效果。那些看似寻常的本体，经过作者别出心裁的形容后，总会打开一扇新窗，呈现出不一样的风景。"老槐树津津乐道。

"您举几个例子。"紫薇做了个"请"的手势。

"好，今天我们就一起来看看被文字偏爱的妙喻吧。先看汪曾祺形容'食物的清香'，他是这样写的：我所谓的'清香'，即食时如坐在河边闻到的新涨的春水的味道。"

植物们都哇的一声叫起来，好似闻到了清香的味道。

"再来看徐志摩形容'女子'：最是那一低头的温柔，像一朵水莲花不胜凉风的娇羞。"老槐树话题一转，从"食物"转到"女子"。

听到植物们齐声叫好，老槐树狡黠地一笑，说："不能光是我来引用比喻句，大家都来说说。"

雪松往前一站，说："我记得钱锺书是这样形容'气候'的：那年春天，气候特别好。这春气鼓动得人心像婴孩出齿时的牙龈肉，受到一种生机透芽的痛痒。"

"说到气候，我想起了安妮·普鲁形容'忽闪的光'：寂寞的海岸线上有盏口吃似的闪光，警告船只别靠近。"乌桕也凑上一句。

"安妮·普鲁是谁？你怎么喜欢上她的？"狗尾草开玩笑。

一阵笑声后，黄山栾树说："形容'喜欢'，村上春树写道：'喜欢我喜欢到什么程度？'绿子问。'整个世界森林里的老虎全都融化成黄油。'这样的比喻妙不可言。"

"你们怎么都喜欢老外？"狗尾草一脸茫然。

"从狗尾草身上我看到了天真活泼，沈从文这样形容'天真活泼'：翠翠在风日里长养着，把皮肤变得黑黑的，触目为青山绿水，一对眸子清明如水晶。自然既长养她且教育她，为人天真活泼，处处俨然如一只小兽物。"杜英是沈从文的粉丝。

"我也并非只是天真活泼，我也有心事。"狗尾草装出心事重重的样子。

"狗尾草，你对照一下，老舍是这样形容'心事'的：他想着的那点事，像块化透了的鳔胶，把他的心整个儿糊满了；不但没有给外面的东西留个钻得进去的小缝儿，连他身上筋肉的一切动作，也没受他的心的指挥。"无患子指着狗尾草边说边笑。

"我的烦恼谁能知？"狗尾草装模作样，憨态可掬。

"烦恼，福楼拜形容烦恼就像默不作声的蜘蛛，在暗地拉丝结网，爬过她的心的每个角落。"广玉兰正在看福楼拜写的书。

"卡夫卡形容'心脏'很有意思，他写道：心脏是一座有两间卧室的房子。一间住着痛苦，另一间住着欢乐。人不能笑得太响，否则笑声会吵醒隔壁房间的痛苦。"红叶石楠是卡夫卡迷。

植物们你一言我一句地说起来，有的引用贝纳尔·韦尔贝形容"老人"的语句，说："一个老人辞世了，就像一座图书馆被烧毁了。"有的引用伊萨克·迪内森形容"看书的感受"，说："第一次读赫胥黎的《铬黄》时，就像咬了一口不认识却异常新鲜的水果。"还有的说到妈妈，罗伯特·麦卡蒙形容"妈妈"特别精妙，说："对妈妈来说，整个世界就像一条没缝好的棉被，棉絮总是会露出来。而她的担心就像针一样，要把那些可怕的裂缝一一缝起来。"

狗尾草听得头都大了，大叫："你们为何要选一长串名字的人的妙喻，记都记不住，不能选名字取得简单点的吗？"

"好，那海桑形容'做人'：静悄悄地做人，像早晨一样清白。简单明了吧？"雪松哈哈大笑。

"海子形容'深情'，更简洁。海子说：你是我的，半截的诗，不许别人更改一个字。"乌桕补上一句。

"你们看钱锺书形容'腼腆'：苏小姐双颊涂的淡胭脂下面忽然晕出红来，像纸上沁的油渍，顷刻布到满脸，腼腆得迷人。"紫薇赞不绝口。

"钱锺书用'早晨方醒，听见窗外树上鸟叫，无理由地高兴，无目的地期待，心似乎减轻重量，直升上去。可是这欢喜是空的，像小孩子放的气球，上

润心

146

去不到几尺，便爆裂归于乌有，只留下忽忽若失的无名怅惘。’来形容‘无名的怅惘’”，红叶石楠对此佩服得五体投地。

看到植物们纷纷融入感情之中，银杏出来说了两个妙句。一个是汪曾祺形容"飘忽的感情"，汪老说："他们俩呢，只是很愿意在一处谈谈坐坐。都到岁数了，心里不是没有。只是像一片薄薄的云，飘过来，飘过去，下不成雨。"另一个是萧红形容"波澜不惊"，萧红说："我仍搅着杯子，也许漂流久了的心情，就和离了岸的海水一般，若非遇到大风是不会翻起的。"

这时，太阳已升得老高，老槐树用舒婷的一段话作总结："生命的流程漫漫又汲汲，曾经怎样灿烂过，也就依附着怎样的黯然与孤寂，这之后的独处，便有若阵阵往昔和绵绵远方的恬淡。该是怎样的情怀才能应了这种凄美？"

狗尾草听得莫名其妙，问老槐树："您这哪跟哪啊？根本和前面不搭的。"

"不搭才新鲜有悬念呢。"老槐树笑着补充说："肚子饿了，回去吃饱了再来开新话题吧。"说着顾自走了，其他植物也一哄而散。

润心

诗意时间

　　立冬过后，就进入年尾的节奏了。润园植物晨会时聊到这个话题，枫杨伸了伸懒腰，打着哈欠说："我怎么觉得眼睛一开一闭，一天就过去了；一开一闭，一月就过去了，一开一闭，一年又要过去了。"

　　"是啊，时间过得真快，不知不觉一年又快到头了，你们感觉到自己有什么变化吗？"杜英接着说。

　　"当然有变化，时间一定会在每株树身上刻下印记，最起码我自己的肚子又大了一圈，身高也见长了。"黄山栾树摸着肚皮，哈哈笑着说。

　　"什么叫肚子又大了一圈，多俗套，那叫年轮，时间不骗人，对谁都一视同仁的。"无患子取笑黄山栾。

　　"年轮？什么叫年轮？我身上怎么没发现？"狗尾草连发三问。

　　无患子笑着说："时间与树木加在一起变成了年轮，年轮最真实地记录了自然和时代的变迁，树木的每一圈年轮都有属于自己的故事。但这是指树木，你狗尾草是草本，一岁一枯荣的，哪来的年轮？"

　　"这不是欺负草吗？"狗尾草满脸怒气。

　　枫香拍拍狗尾草的小手，慈眉善目地说："这不是欺负，是因为每一种植物特性不同，各有所长，最适合自己的就是最好的生活。时间具有历史悠久、源远流长、无穷无尽、无边无际的特点，在时间面前，大家都是公平的。时间如一条直线，但每种植物在这条线上的积累是不同的，有的厚实，有的浅薄，有的丰满，有的干瘪，有的惜时如金，有的让时间白白溜走。"

润
心

"枫香说得对，时间看起来静悄悄的，默默无闻，实际上却是暗流涌动，流淌着诗与远方。"银杏说起话来有分量。

　　听说有诗与远方，狗尾草缠着不放，一定要银杏说个明白。

　　银杏缓缓说道："时间是流水，'逝者如斯夫，不舍昼夜'；时间是春雨，'微雨燕双飞，落花人独立'；时间是白发，'十里长亭霜满天，青丝白发度何年'；时间是声音，'姑苏城外寒山寺，夜半钟声到客船'；时间还包含了许多，日落日出，一弦一柱……时间是不是诗意的存在？"

　　"太好听了，请继续展开说说。"狗尾草得寸进尺。

　　"不能我一株树说，这里槐树、雪松、广玉兰等植物对此都很有心得，大家一起来分享诗意时间吧。"银杏指着面前的树木，大声招呼。

　　槐树向前一步，首先说："关于诗意时间，我觉得时间就是一岁一枯荣。人们把从新生到成熟视为一年，然后周而复始，一岁一枯荣，春风吹又生。早在尧舜时，一年叫一载。有开始之意，意为周而复始，年年轮转，从不改变。到夏朝，一年叫一岁，仿佛时间也随着人的成长，一步一步长大。至周朝，一年叫一祀，年终岁尾，人们会举办祭祀仪式，是对一年丰收的庆贺。"

　　雪松接着说："我的感受，时间就是春夏秋冬，一年四季。春天芳华，是'竹外桃花三两枝，春江水暖鸭先知'的萌动，是'留连戏蝶时时舞，自在娇莺恰恰啼'的莺歌燕舞，是'黄四娘家花满蹊，千朵万朵压枝低'的繁花盛景；夏天蓄秀，'夏三月，此谓蓄秀，天地气交，万物华实。'大地葱茏，是一个饱满的充满激情的时节；秋天三秋桂子，'桂子月中落，天香云外飘'，桂花香了，秋天就深了，月也圆了，是一个思念的时节；冬天雪落，'梅花喜欢漫天雪'，一场雪落，人间成了一首浪漫的诗。如此四季变换，妙趣横生。"

　　众植物大声叫好。广玉兰走上前来，说："我理解时间就是日月星辰。你们抬头看，白天有灼目的阳光，夜晚有清白似霜的月光，月亮圆了又缺，缺了又圆，时而如眉，时而如盘，时而彻夜微亮，时而沉入漆黑。月的阴晴圆缺，总是周期变化，形成每年十二月的轮回。"

　　"这十二个月又如何解读？"狗尾草插嘴问。

"一月正月，'正月朔日，谓之元旦'。这是一年的开始，东风解冻；二月杏月，'不知细叶谁裁出，二月春风似剪刀。'春树发梢，大地复苏；三月桃月，'桃花一簇开无主，可爱深红爱浅红。'迎来繁花盛景的三春；四月麦月，小麦灌浆，小得盈满；五月午月，天气燥热，虫蛇繁殖，炎炎仲夏要来了；六月荷月，'接天莲叶无穷碧，映日荷花别样红。'美得出清尘脱俗；七月兰月，兰花吐芳，七巧相遇；八月桂月，人间仲秋，有桂香丰收，花好月圆；九月菊月，深秋霜浓，收获完毕；十月阳月，'十月江南天气好，可怜冬景似春华'；十一月冬月，短暂的温暖之后，一场雪落，严冬来临；十二月腊月，一年之尾，又要迎来新年了。"广玉兰扳着手指头，侃侃而谈。

一阵掌声后，乌桕站起来，说："时间就是十二时辰。一天分十二个时辰，一时辰两个小时。每个时辰都有雅致的名字。平分日夜谓夜半是子时，人鸡俱安谓鸡鸣是丑时，太阳一线谓平旦是寅时，守得天明谓日出是卯时，一天早餐谓食时是辰时，神采奕奕谓隅中是巳时，日照中空谓人中是午时，阳光西斜谓日仄是未时，慢慢散步谓晡时是申时，飞鸟归林谓日入是酉时，日月交互谓黄昏是戌时，静静休息谓人定是亥时。这十二时辰中，劳动人民日出而作，日落而息，闻鸡起舞，顺时而为。人与自然一起轮转，配合得就像一首浪漫的诗。"

植物们都伸出大拇指点赞。红叶石楠扭着身子走上来，说："我认为时间是光和影子。时间是一束光。早晨的阳光叫曙光或朝阳。傍晚的阳光叫余晖或残阳。太阳东升，新的一天充满希望。太阳西斜，'夕阳无限好，只是近黄昏'。然后唯有黄昏，阳光才会变成橘红色，充满温暖。时间是一个影子，有时深，有时浅，有时长长一线，有时短短一点。利用阳光与影子就有了日晷，可用来计算时间。日者，光也；晷者，影也。早上太阳低，影最长；中午太阳最高，影只有一点；夕阳西下，影子再次变长，这就是一天。可见阳光给予温暖的同时，也有黑暗，但不必惧怕，日日夜夜，朝朝暮暮，都是我们的时间。"

罗汉松一边拍手一边说："我体会的时间就是晨钟暮鼓。清晨的时间叫钟声，日出之际，大地苏醒，晨钟撞击，轻柔清亮的声音穿过薄雾，唤醒人们，炊烟袅袅，街巷滴滴答答鸣响。傍晚的时间叫鼓点，夕阳西下，鼓点催促，劳作的人们纷纷回头，心领神会，已到日暮归家时。深夜的时间叫打更，更夫打梆，每个时辰打响一次，声声夜鸣，陪伴人们温柔入睡。"

听到这里，狗尾草嘀咕道："可惜现今的人们，生活在现代科技里，日夜颠倒，除了刺耳的闹铃，已经难得听到如此温柔的声音了。"

银杏总结道："所以，我们要明白时间的意义，时间是生活，时间是春夏秋冬，时间是美，时间是诗和远方。通过时间来感知生活，首先时间是一炷香。'翠叶藏莺，珠帘隔燕。炉香静逐游丝转。'从开始到成灰，也就是一炷香的时间，时间是安静的语言。其次，时间是一盏茶。这盏茶可以是一人独饮，做着自己喜欢的事，也可以三两成趣，举杯话桑麻，唠叨唠叨日常。时间就是你投入的生活。第三，时间是一弹指。时间很长，又都由很短的点组成，就像一叶落，一花开，一风过。这些无法量化的都是时间，时间看不清摸不着，说不尽道不明，却意犹未尽。时间是一种敏锐的感知，当我们全身心地投入生活，就有了时间的印记。"

"说来说去，又说到你们树木的年轮上去了。"狗尾草眼泪汪汪。

银杏最后说："时间不止时间，它让我们在流年往复的日子里，感知光影变化，觉察草长莺飞，伴随蒂落瓜熟，体验霜打雨淋，目送四季轮回。这就是我们的诗意生活。"

在一阵雷鸣般的掌声中，今天的小区植物晨会结束了。

润心

树木爱情

润园植物沙朴通过几年努力，写出了几本畅销书，在植物界引起了较大反响，特别是书里描写的桃红柳绿、青菜萝卜、番薯芋艿等爱情故事，更是被小区植物传为美谈。植物们津津乐道，每当见到沙朴，总要追问他自己的情爱经历，沙朴一直不肯多说，只说是从《梁祝》《白娘子与许仙》《钗头凤》那里得到的启发。

直到有一天，沙朴又出了本新书，庆祝会后聚餐，沙朴喝了一点酒，头有点晕乎乎的，狗尾草等植物借机起哄，逼着沙朴现身说法，一定要他谈亲身经历。沙朴树逢喜事，借着酒劲，就说了起来。

沙朴来自山区，是二十多年前进杭城的，那时沙朴刚来杭州，赤手空拳，身无分文。有一次，沙朴在西湖边游荡，认识了朴嫂。

"朴嫂？朴嫂是谁？"狗尾草插问。

"别插嘴！"杜英埋怨狗尾草，指着他说："你不是叫沙朴大哥吗？朴嫂是谁还用多问吗？"

狗尾草明白了，静下来细听。沙朴接着说："见了几次面，一来二去和朴嫂熟悉起来，知道朴嫂虽在杭州长大，但对农村也不排斥，我的胆子就大了起来。"

"怎么个胆大法？"狗尾草忍不住，又插问。

沙朴抿了一口酒，笑着说起了当时的对话实录。

沙朴："我是小草，你是鲜花。"

朴嫂："小草被人践踏，鲜花终将凋零，不好！"

沙朴："我是断线的风筝。"

朴嫂："断线的风筝随风飘荡，没有安全感，不好！"

沙朴："我是秋天的菠菜。"

朴嫂："秋天的菠菜总是小菜一碟，上不了桌面，不好！"

沙朴："我是下里巴人。"

朴嫂："我要阳春白雪。"

沙朴急了："你这是到底要怎么的？"

朴嫂："我这是要实实在在的。"

沙朴："那什么是最实实在在的？"

朴嫂："RMB 是最实实在在的。"

沙朴心想，我们是植物，要 RMB 干什么，就拍着胸脯说："那好办，其他事难办，这事不难。"

朴嫂："口说无凭，你要证明。"

沙朴："君子一言，驷马难追，我会证明。"

说到这里，沙朴端起酒杯，将杯中酒一口喝尽，感叹道："从此我投笔从钱，拜孔方兄为师，每天起早摸黑，工作时间在十四小时以上。"

"就这么简单？"广玉兰摇着头，表示不相信。

"当然不是，听我说下去嘛。"沙朴接着说起来。

沙朴在西湖边和朴嫂约定好后，就专心做证明题去了。忽一日，接朴嫂通知，说有要事相商。见面后见她说话吞吞吐吐，大致意思是说，接下去要走第二道程序，因她是小女，格外金贵，家里特别重视，说要择日搞个评审会，问沙朴意下如何？沙朴本来自乡野，哪里知道这许多道理，又想平时做些项目，评审会也参加得多了，知道也就那么回事，根本没在意，就满口答应了。

却说那日，沙朴去朴嫂家，刚坐定，但见前后左右都是她家中亲友，不免心生忐忑。朴岳母刚要宣布评审会开始，突闻门外大声喧哗，十分吵闹，沙朴就大步抢出去看个究竟，朴嫂紧随其后跟进。

润心

原来朴嫂家紧邻河边上某公园，当时社区正开始在公园里搞联欢活动，其中主要内容是有奖猜谜语，将很多写着谜面的纸条挂在树上或铁丝上。沙朴随手指着这条那条，要朴嫂只管摘下纸条去兑奖就是。只一袋烟工夫，就抱回一大堆奖品。

朴岳母见朴嫂俩拿回这些杂货，面露不悦，斥问朴嫂，怎么小伙子第一次上门，你陪他去买回这么些乱七八糟的东西。朴嫂含笑说明原委，众皆惊讶。朴岳母即转怒为喜。那时朴岳母很有魄力，遂当机立断宣布，评审会立即取消，接下去只要沙朴留下吃饭便是。

听到这里，陪沙朴就餐的植物纷纷鼓掌欢呼。沙朴哈哈笑着补充道："自此，倒省去很多曲折程序，犹如长江放舟，一帆风顺，再无阻挡。"

"还有后续吗？"黄山栾树觉得意犹未尽。

"后续，那是二十多年后了，在杭城，某花草树木茂密之地。"沙朴慢悠悠地喝着茶，又说起了前不久的一段对话实录。

朴嫂："儿子啊，你要好好读书，将来可以找个好工作。"

朴儿："我才不那么快找工作呢，我要去世界各地旅游。"

朴嫂："没有好工作，有钱去世界各地旅游吗？"

朴儿："赚钱是最简单的事，不用你们担心。"

朴嫂："或者你下次去帮老朴爸，一起赚钱。"

朴儿："我才不呢，你们就是钱、钱、钱，我又不需要你们的钱。"

朴嫂："换一个话题，你爸爸那时常说小草啊、风筝啦之类的，你在外面说不说呢？"

朴儿："我们才不说呢，那些都是土不拉几老掉牙的东西。"

朴嫂："那你们说些什么呢？"

朴儿："我说了你们也不懂。"

朴嫂喃喃自语："哎，老朴树还未进入过去时，小朴树现在进行时就来了。"

听到这里，植物们哄堂大笑。笑过后，乌桕一本正经地问："沙朴，你前面提到的解证明题，解出来了吗？"

沙朴一拍大腿，捶胸顿足道："解什么解，我上当了，我中计了，原来朴嫂使的是激将法，我辛苦了二十多年，只不过是在做一道证明题而已，并且前不久才知道这是一道永远解不完的证明题啊。真是聪明一世，糊涂一时啊！"

　　"前不久是怎么知道的？"狗尾草很好奇。

　　"因为有微信群里的高手指点。"沙朴摇着头，接着说："前不久，我加入微信群，经群主提醒，才恍然大悟，原来天外有天，山外有山。也终于想明白，以前朴嫂不让我加入微信群的原因了，因为朴嫂知道，我是乡野木头，生性愚钝，靠自己想是想不明白的，而群内高手众多，高手一指点，我就会明白过来。哎，我还有什么好说的呢？"

　　"你今天说的，我要去向朴嫂求证。"紫薇故意吓沙朴。

　　一句话，把沙朴惊醒了，他拍着脑袋嘀咕："我说什么了吗？"马上补上套话："口中情节，纯属虚构，如有雷同，请勿对号入座。"

　　广玉兰宽慰道："放心吧，紫薇是开玩笑的。"说完，和众植物一起，簇拥着沙朴离开了酒店。

润心

山石留名

深秋时，润园植物沙朴因码字累了，就联系了小区几个有相同爱好的植物文友，去临安青山湖游玩。在湖边转了一圈后，来到了一个叫惜花谷的地方。这里茂林修竹，瓜果飘香，牡丹园、观星台、红娘阁、蒙古包、"惜花茶舍"等农家乐设施应有尽有，还在进行毛竹林下经济种植试验，"毛笋冬出"桑黄香菇培育等项目搞得有模有样。

沙朴一行又是唱歌，又是赋诗，玩得不亦乐乎。见山谷湖边新立着一块大石头，上面光溜溜的，沙朴一时兴起，挥动大手，在大石上刻下几行字。同行的杜英、紫薇等植物上前一看，见是几句打油诗：

一树柿果红艳艳，一地蔬菜绿油油，一边风景美哒哒，一群文友笑哈哈。落款是润园植物。

植物们一阵赞叹嘻笑后就离开那里回小区了,沙朴也没把这件事放在心上。

不料，过了三天后的一个午后，沙朴正埋头写作时，被香樟王派来的植物叫到了小区植物业委会办公室。沙朴进屋后，见香樟王正坐在那里生闷气，忙问是怎么了。

香樟王气乎乎地说："我正要问你呢，你前几天是不是去青山湖玩了？"

"去了，去之前请过假的，有什么不对吗？"沙朴回答得理直气壮。

"你可在山石上刻过字？"香樟王直接点破。

沙朴一下子蒙了，心想香樟王怎么什么都知道啊，只能如实回答："是写过几个字，那又怎么样？"

润心

"你干的蠢事，浪费了我多少口舌？"香樟王用手点了点沙朴的头。

"这又为何？"沙朴想不明白。

香樟王说："你可能不知道，杭州植物界在青山湖边设立了一个办事处，专门负责接待江浙沪一带的植物朋友到那里考察、参观、访问，这个办事处主任是临安天目山的柳杉王兼任的。我对他有知遇之恩，他一直很感激我。"

"这和我有关系吗？"沙朴一脸茫然。

"前几天，柳杉王打电话来，问我是不是把他当朋友？我说当然是了。他说既然认朋友，你们润园植物来青山湖，你为何不介绍到我这里来？我说有这事？我还真不知道。"香樟王说到这里，埋怨沙朴，说："你去那里玩，要和我说一声，我给柳杉王打个招呼，也好让他们接待一下，以尽地主之谊。"

沙朴连忙说："多谢，接待就不需要了，你的心意我领了，下次去时一定事先向你汇报。"接着又问："既然柳杉王不认识我，他又怎么知道我到过那里呢？"

香樟王说："就是你写那几个字惹的祸。那天你们离开后，当地的小香榧巡山，发现新立的山石上刻着字，就照样画葫芦地抄下来，逐级汇报到柳杉王那里。柳杉王一听，气坏了，后来听说是润园植物干的，就说下次要找润园的香樟王算账。"

"后来啊？"沙朴预感到情况不妙。

"昨天下午，我们杭州植物界开例会，柳杉王也来了。我和他也有段时间没见了，晚上我请柳主任留下来喝点小酒，一起聊天叙情。席中柳主任提到了润园植物在山石上刻字的事。说这块大石头是他们花了大价钱，专门为李杜这样的大诗人准备的，要派大用场，铭刻流芳百世的名言名句的。也不知你们那里是谁，将这么可笑的东西刻上去了，你说可气不可气。你要查到这个植物，要他赔偿损失。"说着，香樟王拿出手机，将柳杉王转发给他的现场照片给沙朴看。

沙朴脸涨得通红，听香樟王继续说："我一看这几行歪字语气，就知道是你这位老兄做的好事，差点笑出声来，可当着柳主任的面，又不能点破。就劝

润心

柳主任，算了算了，你大树有大量，别生小树的气了。柳主任说，那我这块大石头怎么办？我说这样吧，过几天不是又要开年度财政预算会议吗，你到时就打个报告上来，强调一下现在青山湖一带房地产大热，江浙沪来青山湖考察参观访问顺便买房的植物界同仁很多，接待费用猛增，需要增加预算。我也会和植物界管财务的银杏王银总管沟通的。等资金一下来，你将增加预算的那部分钱拿去再买一块大石头不就完了。听我这样一说，柳主任也就不说什么了。事情也就这样过去了。"

听完香樟王的话，沙朴脸上青一阵，红一阵，羞得无地自容，连连对香樟王称谢说："是我不好，我以前经常在润园丢脸，现在又把脸丢到青山湖去了，我还有脸面吗？"

香樟王一脸严肃，批评沙朴："你要引以为戒，不准再犯同样的错误，回去写份检查，明天交上来。"

沙朴觉得香樟王的形象更加高大起来，心里不禁对他肃然起敬，连声道谢后退出办公室。

树木自嗨

　　在今天的润园植物晨会上，沙朴先是向大家通报了最近在印尼巴厘岛召开的 G20 峰会的信息，接着又介绍了俄乌战场的近况。当他还在滔滔不绝说着时，被枫香打断了。

　　枫香说："很长一段时间以来，我总觉得我们润园植物存在一个误区，就是我们花很多精力去关心人类那些事，却很少关注我们自己。"

　　"话可不能这么说，人类和我们植物已经是生命共同体，我们以人为例，也是为了借鉴他们的经验，更好地应用于我们自己。"沙朴不以为然。

　　银杏站出来说："枫香、沙朴说得都有道理，很多事情，所处位置不同，认知也就不同，这就是人们说的屁股决定脑袋。"

　　"我们植物没有那么多弯弯肚肠，也不用转弯抹角，银杏，你就表个态，是支持枫香还是同意沙朴说的？"枫杨说得直截了当。

　　"如果一定要二选一的话，我选枫香，我们先把自己的事做好，再去关心他人。"银杏表态。

　　"我们自己有什么可以关注的呢？"杜英一脸茫然。

　　"可以关注的事多得很，比如植物分类、植物生理、植物形态特征、植物文化，等等，每一个点，都够你们学一辈子了。"枫香情绪有些激动。

　　"这些方面，我们植物天天混在一起，已经习以为常了。你具体点，看有什么可说的。"杜英央求枫香。

　　"我先问你，树木的形态从大的方面，可分成哪几个部分？"枫香问。

润心

"这个谁不知道，根、茎、叶、花、果，五大部分。"杜英脱口而出。

"那描述树木形状的主要因子是哪些？"枫香追问。

"第一个是高度，反映树木的身高；第二个是直径，反映树木的宽度（大小）；第三个是冠幅，反映树木的形态。"这个难不倒杜英。

枫香见连续二问没难倒杜英，就接着问："我们树木的直径是从根部到顶梢由大到小的，就是说树木是近似于圆锥体，而不是圆柱体，你知道应以哪个直径来反映树木形状吗？"

"这个，这个……"杜英张口结舌，回答不上来。

"我来告诉大家，树木的直径常用的有三个，第一个是根径，就是贴近地面处的直径；第二个是米径，是指离地面 1 米高处的直径；第三个是胸径，是指离地面 1.3 米高处的直径。其中用得最多的是胸径。"银杏见多识广，知识渊博。

"为什么选择 1.3 米高处？又为什么叫胸径？"狗尾草很不理解。

"因为人的胸部平均高度 1.3 米，选择这个高度做胸径，是为了人们测量方便。"说到这里，银杏又开玩笑道："毕竟我们树木还是要和人搞好关系的。"

在场的植物都笑了。枫香继续说："衡量树木的另一个重要标志是年龄，那么是不是树木越大年龄就越大呢？答案是否定的，树木年龄和树的大小没有必然的联系。因为树木的大小既和树种的生物学特性和生态学特性有关，还和树木所处的环境以及经营管理水平有关。而树木的年龄就更复杂，但不管多复杂，总会在其身上留下印记。"

"有什么印记？"杜英从头到尾找了一遍，找不到特别的地方。

"你从表面上看是看不出来的，但树木自有办法。时间与树木加在一起变成了年轮，年轮最真实地记录了自然和时代的变迁，每一圈年轮都有属于自己的故事。"枫香像个哲学家。

银杏补充说："树木年轮是在树木茎干的韧皮部里的一圈形成层。在一年中，形成层细胞分裂活动的快慢是随着季节变化而变动的。春天和夏天，气候最适宜树木生长，形成层的细胞就非常活跃，分裂很快，生长迅速，形成的木质部细胞大、壁薄、纤维少、输送水分的导管多。到了秋天，形成层细胞的活

润心

动逐渐减弱，于是形成的木质部细胞就狭窄、壁厚、纤维较多、导管较少。春夏质地疏松，颜色较淡；秋季质地紧密，颜色较深。不同季节的深浅结合起来成一圆环，这就是树木一年所形成的木材，就是年轮。年轮图案同气温、气压、降水量有一定的关系。所以从树木年轮可以研究历史上发生的气候变化情况。"

见大家听得很认真，银杏借机做起宣传工作，他接着说："年轮不但有降水的信号，还有温度的信号。树木生长每年宽宽窄窄这样的变化，每个年轮就是一个音符，可以唱出来，用计算机合成出音乐，可以谱成乐曲弹出来。如果我们想让我们的下一代还能继续听到这样美丽动听的大自然之声，还能继续拥有这么美好的森林家园，而且还能享受绿水青山，就要让我们大家携起手来，爱护大树，保护森林。"

一阵掌声后，枫香接过话题说："说到年轮，前段时间我看到一篇报道，说的是秦朝末年，前面的时候树长得好好的，秦始皇将江山打下来，统一六国建立了秦朝，然后却很快就走向衰亡。史书上搞社会科学的说是秦始皇焚烧书、暴政的缘故，是政治原因。但是研究了当时树木的年轮后，发现有点冤枉他了。"

"怎么冤枉他了？"植物们竖起了耳朵。

"从年轮看，那段时间大树都长得不好，说明气候环境极其恶劣，环境如此，秦始皇的日子能好过吗？所以陈胜吴广在公元前 209 年就揭竿而起造反，到前 207 年秦国就灭亡了。"枫香说起来神神道道的。

"这也太玄乎了。"杜英将信将疑。

"不是不说人类吗？怎么说来说去还是绕到人身上去了？"沙朴颇为不服。

"这是我不好，现在回过头来说树木的高度。"枫香态度很好，微笑着问："你们知道现在已知的中国第一高树有多高吗？"

见大家皆摇头，枫香比画着说："中国第一高树是 83.4 米，大概有三十层楼那么高！"

"这棵树在哪里？我很想去看看。"狗尾草欢呼雀跃。

"在西藏察隅的原始森林里，是一棵云南黄果冷杉，处于边境高山深谷中，你现在去不了。"枫香拍了拍狗尾草的小手。

"他怎么能长这么高呢？"植物们啧啧称奇。

枫香解释道："植物靠光合作用生产有机物，供自己持续生长、繁殖。长得高，就能更好地获得阳光这一最重要的资源，特别在原始森林里，极高的树木就是一个生态位，更高大的乔木在这个生态位竞争中更容易留下后代并把种子散布出去，自然选择压力造就了这些巨树物种的基因特质。但树不能无限长高，大树通过蒸腾作用把水分从根部运上树梢树叶，本身要额外耗费大量的水和能量，因此在干旱环境下，水分就难以被运至高处；如果环境温度过低，水分运输也会受到阻碍。因此，一棵树要想顺利地活下来，还长得如此高大，除去本身的基因特质，还需要多个外部条件：一是持续丰沛的降水、温和的气候，二是不受洪水、大风、人为的破坏和侵扰。这棵云南黄果冷杉恰好满足了这些条件，所以他脱颖而出，成为网红。"

　　"他还在长吗？"狗尾草很关心。

　　"他的长势还很旺盛，估计长到 90 米高不成问题。"枫香回答。

　　"中国第一高树在全球排位如何？"沙朴兴趣也来了。

　　"这棵 83.4 米高的树已经跻身世界最高的 20 种树里的第 18 名，世界范围内还有许多更高的巨树。"枫香扳着手指头说："从现存全球巨树物种高度排行榜来看，第一名毫无疑问是北美红杉，目前最高的一棵北美红杉叫'亥伯龙神'，高达 115.9 米；第二名是澳大利亚塔斯马尼亚岛上的一棵杏仁桉，高度 100.5 米；第三、四名则是同处北美西海岸的西加云杉和花旗松，身高分别是 100.2 米和 99.7 米；第五名是 2019 年在马来西亚沙巴州发现的一棵黄娑罗双，当时测量结果为 100.8 米，去除坡度因素后实际高 97.6 米，超过了 32 层大楼，它同时也是热带第一高树；第六名则再次回到北美西海岸，是一棵 96.3 米的巨杉。"

　　枫香还要再说，银杏拉拉他衣角，示意他一次不要说太多。枫香心领神会，赶紧刹车，说自己肚子饿了，要去取食了。经枫香一提，植物们都有同感，就呼啦一声，全散了。

润心

杂文比赛

在老槐树、雪松、沙朴等植物的倡导下，润园植物掀起了一股写作热潮，但写出来的东西，如香樟王所比喻的那样，像古代老太婆的裹脚布——又臭又长。银杏知道植物们喜欢看短小精悍的作品，就组织小区植物搞起了短文比赛，体裁是杂文，在文学性和思想性相似的情况下，以短取胜。

经过几轮比拼，乌桕、杜英、紫薇仨进入了决赛。今天是周日，在小区公园决赛现场，三种植物都晒出了自己的参赛作品。

在热烈的欢迎声中，乌桕先上场，他参赛小杂文的题目是《低调》，全文如下：

今天整理抽屉，从角落里找到几本存折，有工行的、农行的、建行的、中行的、交行的，一阵窃喜。就急急忙忙骑上破自行车跑去几家银行，查了个遍：工行有余额 10.8 元，农行有余额 9.3 元，建行有余额 8.5 元，中行有余额 5.8 元，交行有余额 3.3 元。望着对账单，深深地为自己的低调所折服。原来中国五大国有银行都欠着我的钱，马首富也好，许二富也罢，你们牛什么牛，你们借着五大行的钱，五大行又欠着我的钱，那不就是你们欠着我的钱，也就是说我比首富还要富。越想越陶醉，破自行车也不要了，昂首挺胸地走回家去。

一阵叫好声后，杜英带来了题为《钓鱼》的短文，他当着植物们的面大声朗读道：

常在钱塘江边散步，见江边总有数十人，数百根钓竿在钓鱼，但很少看到鱼被钓上来。心中纳闷，想是不是鱼儿怕我，知我来了，跑得远远的了。一直

润心

疑虑，又不好意思去和钓翁言明，总是难解，以致每次路过时总是轻手轻脚的，像做了亏心事一样。

今日起了个大早，特意赶到江边，见钓翁早到了，我就屏住呼吸，一声不响地躲到旁边树丛中仔细观察，约莫个把小时，还是没见这数百根鱼竿有任何鱼儿钓上。大惑，终于壮了壮胆去问钓翁："我在这里看了很长时间了，也没见有鱼儿钓出，像今天这样是特殊情况吗？"钓翁说："没有特殊情况啊，就是经常这样的啊。"我如释重负，一颗心总算放下了。看来这鱼儿上不上钩和我是无关的。又问："你们这么起早摸黑地在这里，又没见钓出多少鱼，图的什么呢？"钓翁说："图个开心，在这里钓鱼，只是为了玩儿，非为鱼也。觉得这样很充实、很淡定、很放松，这就够了。"我连连点头，表示很羡慕。并提出也想加入这支队伍感受感受，问钓翁："可以吗？"钓翁说："可以啊。"

回家的路上，感觉浑身轻松多了。至少以后再走这段路，可以理直气壮了，因为现在清楚了鱼儿上不上钩和我是没有关系的。

待掌声停止后，紫薇满脸堆笑，挥舞双手奔上台，向大家展示自己的短文《劳模》，她念道：

吾群内有男名花，从警习武，十八般武艺样样精通。金屋藏娇两女，烧饭做菜、跑腿购物、远足摄影，均花全包。妻女欲代劳，花总是不舍不放。

三十年后某日，花与花嫂拌嘴，花嫂斥花霸道，言花剥夺其劳动权利五十余年，要花赔偿。花不服，遂投诉至街道妇联。妇联一小姑娘看了花的档案，拍案而起，斥花身为警察，知法犯法，怎可夺妇权益如此之久，该当何罪。花大叫："我冤啊！"气急倒地。

良久，花醒来，见自己躺于病榻，旁坐花嫂独自抹泪。花开口就问："我正烹制的老鸭煲怎么样了？"花嫂闻声，泪奔，俩佬相拥而泣。

紫薇念完后，现场掌声雷动。经过由银杏、枫香、槐树、雪松、沙朴五植物组成的评委现场打分，最终银杏宣布："紫薇的《劳模》获得冠军，乌桕的《低调》获得亚军，杜英的《钓鱼》获得第三名。进入决赛的作品在小区植物公众号上连发三天。"

小区第一届杂文比赛在雷鸣般的掌声和欢呼声中宣告结束。

润心

杜英挂职

润园植物杜英接到通知，来到小区植物业委会办公室，业委会主任香樟王出来接待了他。

香樟王将手里的图片递给杜英看，上面有介绍临安指南村的，有介绍桐庐芦茨村的，还有介绍东阳花园村的，看上去景色都很美。杜英心里正纳闷，香樟王开口了。

香樟王说："这些地方都是我们浙江美丽乡村建设的样板村，你看了后有什么感想？"

"我看了后第一感觉就是很漂亮，但对美丽乡村我知之甚少，请您指导！"

香樟王告诉杜英，美丽乡村就是美丽中国的农村版，是新农村的升级应用版。美丽乡村建设涵盖了以往的新农村、休闲农业、农家乐、乡村旅游等内容。

"具体包含哪些要素？"杜英问。

香樟王解说道："美丽乡村包括以下七大要素：1.舒适的人居环境；2.适度的人口聚集；3.新型的居民群体；4.优美的村落风貌；5.良好的文化传承；6.鲜明的特色模式；7.持续的发展体系。"

杜英点点头，表示明白了，接着又问："大清早的，您把我叫来不会是为了和我闲聊吧？"

"当然不是，说正事前先来个前奏。"香樟王笑了笑。

"用不着前奏，有事直说吧！"杜英朗声说道。

"是这样的，街道下达给我们小区一个指标，要选派一种植物去农村挂职，

润心

以实际行动支持美丽乡村建设。我们班子成员经慎重研究，最后选中了你，这是一次难得的锻炼机会。"香樟王用征询的眼光看着杜英。

"我本来就来自农村乡间田野，有什么可锻炼的？"杜英有些不情愿。

"现在的乡村可不比以前，你该听说过，以前吃野菜的是穷人，现在吃野菜的是富人，以前吃厌的番薯萝卜现在成了抢手货了。"香樟王做起了思想工作。

看到杜英不作声，香樟王继续说："况且你这次下去不同以往，以前你只不过是长在山野里的普通树木，现在你是在大城市见过世面的下派干部，是去做一番事业的，要有使命感。"

杜英知道，既然领导已经决定，推也推不了，就拍着胸脯答应下来。

香樟王大喜，拉着杜英的手，连声夸赞说："好样的，就在今晚，我们设宴为你饯行。"

晚上，酒过三巡，针对杜英下乡，香樟王要在座的植物都说几句赠言。

枫香问杜英："你这次下去，准备怎么干？"

"我使出浑身的力量就是了。"杜英随口回答。

"记住，真正的力量，并不是碾压别人，而是将摔倒的人扶起来。"枫香敬了杜英一杯酒。

杜英说："记住了！"广玉兰接着提醒杜英说："没错，你要用圣人的标准——要求自己，用常人的标准——要求别人。"

杜英心想，这标准也太高了，还未回答，雪松拍着杜英的肩膀说："杜英兄，我的赠言是：努力，不一定会被看见，但是，休息一会儿，一定会被看见。"

"借助别人的光，永远走不出你自己的路来。"无患子发表自己的感想。

"记住——什么关系说什么话，别越界……"槐树铮铮告诫。

杜英连声道谢。乌桕站起来说："我觉得，公开说的话——要少听，私下说的话——要多听。"

"找到自己的目的——是确保在人群中，能辨别'胡说八道的人'。"黄山栾树有自己的理解。

润心

"反正杂念为身体第一病，言多为涉世第一病。"梅花似乎深有体会。

杜英一一致谢。话题一转，谈到独处，苦楝说："如果你独处时感到寂寞，这说明你没有和自己成为朋友。"

柳树接着补上一句："没有一个人能够读懂另外一个人。"

"我是有些担心，世界上最危险的不是诱饵，而是一颗经不住诱惑的心。"枫杨借着酒劲，说了这么一句。

"感情，才是世界上最残忍的东西。"紫薇自言自语。

"你们放心，杜英是好植物，是值得信赖的。"银杏很信任杜英。

"可是我听说，世界上唯一不变的，就是——一切都在变。"狗尾草嘻嘻笑着。

香樟王感觉话题不对，及时叫停。他亲自给杜英满上一杯酒，招呼大家站起来，提议："为杜英下乡挂职，一身轻松地去，成果辉煌地回，干杯！"大家都一干而尽。

第二天，杜英就轻车简从地下乡去了。

润心

润物，文化人类学的审美提示

——散文集《润物》审美小释

文／王学海　沈嘉桢

　　著名演讲家、文学评论家伊万·帕宁说："任何民族的文学最早发出的声音就是那些歌声"。当我捧读周生祥先生的《润物》（浙江工商大学出版社 2021 年 9 月第 1 版）时，就仿佛听到了一个民族的歌手，正对着他钟爱的植物在歌唱。在他灵魂的音符里，我听到的不仅是歌声，还有他与植物的对话交流。他以心灵的手，抚傍着植物的那份沉思、喜悦和快乐。

　　《润物》是以拟人手法，让植物们的灵性，在人间行走。

　　《植物评人》，讲的其实是作为一个社会人，必须要静心去听的真话。你进城改变了原来的生活，你也必须入乡随俗——随城市文明之俗，去改变原有的老习惯。特别是广玉兰与乌桕的慨叹中，充满着的是批评，批评在城里这些孩子身上的现象。他们招谁惹谁了，几乎每个孩子都在经受一场劫难：背着鼓鼓囊囊的包，或带着个沉重的家伙，这个时间去那个班，那个时间去另一个班，就连法定的星期天也不得休息，他们身上的背负反而更重，所以广玉兰与乌桕针砭的，是完全忽视了孩子天性的家长们的虚荣心。也因此《植物评人》淡淡中有深刻之处。

　　《水杉提干》更是一篇颇具幽默化的文字。它在其中引出土家族与水杉的故事，让我们第一次知晓了历史的土家族与水杉的生存关系。都说神箭的爱可摘星星，水杉的爱，是把一生的温暖给了大雪环境下将被冻死的土家族的兄妹，以他们得温暖后的生存，繁荣和壮大了土家族。这虽是个神话般的故事，但实质上反映出了一个哲学上的生存问题：生存关系实质上是生物与生物之间、生物链与生物链之间、生态系统与生态系统之间的相互依存关系，人与植物——人类与自然界也是如此。由此，《水杉提干》也真是另有韵味，那是哲理的韵味。

同样，《三紫吹牛》蕴含着人类的责任，为爱的坚贞和团结的价值。《时间和空间》让时空拟人化的编写，走出了当下与时空有机结合的、在文学作品中甚为少见的针锋相对和相互依存前行。在时空的共同维度下，三维、四维成为历史前行的新见证和新动力。文章既寓教于乐，又在娓娓散谈中见出哲理。它与后面的《山和海》《水和火》相映成辉，成为撑起《润物》的主干。

由此，我们自然会想起《润物》作者的多识与诗的修养。多识当然在于周先生多年的植物学的知识素养和生活实践经验的积累，也在于乐于做植物的"博物君子"的那种人生追求与自觉。诗的修养，当是文学的修养。你看，周先生退休后，一下子写出了包括《润物》在内的三大册书（另二册与周喆鸣合作），有长篇小说、诗歌和散文集，这于一个业余文学爱好者而言，是一件多不容易的事，更何况时间又是在短短的退休之后这几年。短短，正说明周先生至少长期地喜爱文学，虽不写，却在心灵深处，日积月累地在文学里行走。也是文学的修养，敦促他在日常工作生活里，对植物的认知，比一个普通植物工作者，多了一份文学的关怀。这样的生活方式，在我国最古老的文化传统中，同样可以找到。如孔子的《论语》到郑樵的《通志》，都有对草木的文化解读。广为流传的《诗经》，那是更不用说了。你看到清代这个阶段，《秘传花镜》《二如亭群芳谱》《佩文斋群芳谱》等，于草木知识与人类大千世界的建构，为我们别开生面了一个新鲜活力的博物世界。而这个世界，诚如孔子所言："小子！何莫学夫《诗》？《诗》可以兴，可以观，可以群，可以怨。迩之事父，远之事君，多识于鸟兽草木之名。"（《论语·阳货》）可见，人类的见识，尤其是文学创作，其根本，在于草木鸟兽的繁盛与活跃。

正以此，《润物》中的《植物励志》，在众多篇目中更为凸显。它以植物的相生相克，授道于读者的，不但是一些科普道理，更可让读者从中琢磨出其

润心

169

蕴含的中华优秀文化传统：中药加中医，对付未来比新冠病毒更为厉害的病毒的我们"中国的抗疫思路"——说思路，正在于"诗可以兴"的中国人的智慧，而这兴，正是从《润物》这册与众不同的散文集，所独有的那份呈现。

历史文化遗产告诉我们，"遗产的概念包含了国家怎样建立自身和历史、与历史创造之间的关系，也越来越反映出大大小小的地区是如何介入当下的历史创造过程的"[1]。《润物》中《茶姑寻亲》与《枇杷返乡》，正是以小地区小历史传说故事，介入了历史创造的过程。《茶姑寻亲》为我们讲述了一个关于茶叶的另类故事——它的创作主旨是不是这样？宁愿是这样。为什么？因为它跳出旧故事的俗框框，以出其不意的结局，宣告了龙井茶十八棵树的生于斯长于斯的原由。在纯真的"无知"与利益的诱惑下，它出乎意料地从原来回到了原地——比原来更深入了一步，把根重新扎入了原有的土地。这从哲学人类学上讲，一是实在理论的现实运用，二是人与田野的民族性与本土性。在本土扎根的情境里，我们可以见出作者叙事时的深邃思考，那不是一种单纯的民间传说的翻版或直接摹写，是在作者情感因素发酵下的一种似有"宋韵"般的历史回响。这也正如著名哲学家维特根斯坦所说："凡能够言说的，能说清楚。"《茶姑寻亲》，以民间传说的移植，把龙井茶扎根给简要地说清楚了。同样，《枇杷返乡》以其轻幽默——对话中的山、主和世祖黄金果聚焦阿祥的一片孝心，给了文化遗产一个创造性的过去，以及唤醒人们当下的现代性记忆。

著名哲学家杜威在他的《审美即经验》中说过，"如果抹去赋予像感觉、直觉、观照、意愿、联想、情感的社会意义，审美哲学就会失去一个很大的部分"[2]。在《润物》的创作中，我们会注意到周先生于植物观照的审美，如较为显著的《植物野营》，它以全新的地下植物网络的告知，为我们描绘了这条生命线与各植物之间生命互延的现象。在神奇、新鲜、诡异和科学性中，它又为我们打开了一条生态生命新的认知系统。这个系统既是自然的，也是生活的，更是审美的。如此再看《植物的争斗》，它通过争斗告诉我们的，是"时间和

---

1 【澳】罗德尼·哈里森：《文化和自然遗产：批判性思路》，上海古籍出版社 2021 年 5 月第 1 版第 5、6 页。

2 【美】约翰·杜威：《审美即经验》，商务印书馆 2010 年 5 月第 1 版第 285 页。

智慧，悲观者让机会沦为困难，乐观者把困难铸成机会"。而《植物的烦恼》，更富深意的，在于借地膜说事——"自从人类发明了地膜技术……这一技术放在全球变暖的今天，已出现了相反的效果，加重植物病害，并造成农产品严重滞销。庄稼生病与地膜覆盖和反季节种植有非常大的关系。植物病了，有人就发明了医治庄稼病的各种农药……但杀菌药物残留到了食物中，进入了食物链……人类为了让植物长得快，滥用各类激素……口感却没有了……。连年高频率使用化肥，造成了土地板结、土壤酸化、食物质量下降……转基因……原本不带毒的食物带毒了，营养成分更减少了"。在这里烦恼更是警醒，植物幽怨，也是人类自戕。它同时也为我们的社会新理论"可持续发展"，提供了类似"稻粱生民"的科学与时空格局上的可持续发展的参考的多元思考。毫无疑问，人类在自我的时代发展中，有意无意，也给自然生态造成了极大的破坏，这是留给时代的创伤。而我们，只有认识了植物这个神奇的生态生命系统，去明白知晓和科学认知植物之间这条生命线对人类的意义与价值，才会有"深谷寻飞鸟，不觉夕阳斜"的那份审美精神。

文化人类学是个陈旧又常新的课题，有趣的是，日本文化人类学家中村俊龟智，曾经说过这么一句话："分析文化的时候也有必要进入到有机的层次来进行。"[1]我的理解，这里的理解既是人类审美眼光中植物的有机，更是植物作为人类文化的精神层面的有机。因为作为人类学家的文化见解，随着时代的发展，科技的进步，审美人类学的语境中的文化，它既具知识性和田野调查的拓展性，更是植物生态介入性的扩大化的文化。只有把植物生态有机地融入人类生活的再进化步伐，我们的文化人类学，才更具时代性和发展性。它也就同时在告诫我们，从地方到全球，文化人类学的审美领域，该转向到与人类共时共存共行的植物生态上去。感谢《润物》的作者，也为我们以散文的形式，作了这方面的有益的提示。

当然，作为文化散文集一种的《润物》的作者，在其奔放式多文体写作中，

润

心

1 【日】中村俊龟智：《文化人类学序说》，中国社会科学出版社 2009 年 1 月第 1 版第 5 页。

也宜在以后的写作中，更要合和以下三个方面：

一是文学性更为凸显。因为不管是写植物还是叙事生态，文学是它的最高准则。所以你在事物的复述与情感（思想）的抒发中，要剔除理工类词语的说教之嫌，让文学的表达，把情感与思想托举在一个更为迷人的美丽生动的阅读环境中。二是在形式表达上宜要多样化，避免对话与情景单一的重复，造成审美疲劳。三是让自己的知识积累，会同当下文化散文写作的一些可借鉴的成功手法，融科技与传统文化于一体，写出更为文采斐然，更有故事性、更有美的寓意的独特好作品。

我们期待着。

作者简介：

王学海，文学创作一级，中国新文学学会理事，浙江省作协原文学评论委员会副主任，温州大学创意写作研究中心客座研究员，嘉兴市文艺评论家协会顾问，海宁市文联文艺评论家协会主席。

沈嘉桢，河北大学文学院学士。

润心

植物小说　原生态意蕴

——周生祥长篇小说《天候》

文／诸山

　　周生祥堪称多面手，自由徜徉于职业林业人的精神世界，短短数载便写就《跨界》《天候》《润物》等多部小说和散文作品，逾 200 万字，可谓硕果累累。阅读其作品，会有一种非常独特的感受，有一种作者才思泉涌、汪洋恣肆的感觉，或者感到某种类似于百科全书式的写作，可谓气象万千，博大精深。更令人惊叹的是，进入他叙事的多非什么社会热点，而往往是自然界的平凡存在，可以与植物对话，甚至让自己深入各种植物之间，观察并表达其喜怒哀乐。通观周生祥作品，最大特征是生态叙事，属于生态文学范畴。方兴未艾的生态文学，其表征之一是自然书写，通过描摹自然事象像来揭示人与自然的关系，而作为一种时代性文学现象，生态文学之所以能够震撼人心，关键在于这种写作引发了社会对人类当下及未来生存状态的深刻反思。20 世纪后半叶愈益严峻的全球环境问题演变为生态危机，其所带来的影响是广泛、深远、多维的，人们陡然发现自己头顶工业文明的光环一路走到了悬崖边，"人类中心主义"就此走到了尽头，于是人类开始寻找"天地人"的有机关系，呼吁绿色发展、永续发展，探求如何重塑人的精神信仰，对这一切，文学显然是重要的精神力量。而这一切，便构成了周生祥生态叙事的宏大背景。

　　需要指出的是，尽管周生祥的文学创作处处充满对于生态环境的关切，在创作过程中将故事情节与当时的时代背景紧密结合，然而迄今为止仍很少有人

润
心

注意到其小说创作的原生态意蕴。

若干年来，"生态"已经成为一个热词。实际上，人们对"生态"虽然已经耳熟能详，但生态学或哲学意义上的"生态"概念，却是一个舶来品。无疑现代生态学的概念是由西方人率先提出的。ecology（生态学）一词源于希腊文，由词根"oiko"和"logos"演化而来，"oikos"表示住所，"logos"表示学问。因此，从原意上讲，生态学是研究生物"住所"的科学。生态学作为一个学科名词，是德国博物学家 E. Haeckel 于 1866 年在其所著《普通生物形态学》一书中首先提出来的，他认为生态学是"研究生物有机体与其周围环境相互关系的科学，尤指动物有机体与其他动植物之间的互惠和敌对关系"。显然，Haeckel 所赋予的生态学的定义，既具有开创性，同时亦具有广泛性。随后，一些著名的生态学家依据自己研究的重点，提出了不同的生态学定义并由此定义了生态文化。

然而，这并不意味着生态文化的发祥地也是在西方，或者说，西方是最早关注人与自然环境关系的区域。事实上，生态文化的较早发生，是在东方，而以中国为要。中国古代留下了迄今为止最为全面、系统的蕴含生态思想的文字和著述，是任何民族、国家都无法比拟的。早在先秦时期，生态文化思想已经萌芽。《道德经》《管子》《春秋》《庄子》等经典著作中，都不乏有关生态思想萌芽的记载。后来的《吕氏春秋》《农政全书》《齐民要术》等一些著作，也有大量的生物与环境关系的描述。如果承认人类离不开自然和对自然的观察与思考，那么任何写作都有可能指向这里，只不过是没有得到强调罢了。"生态"观照应该成为全部文学创作的遵循，西方不乏这样的传统，比如亨利·戴维·梭罗的《瓦尔登湖》和蕾切尔·卡逊的《寂静的春天》。其实东方也一样，就我国而言，文学很早就开始涉及"生态"，比如《西游记》《聊斋》等小说文本中的种种神秘和未知，皆与"生态"有关。可以说，古往今来所有的文学创作都或多或少折射了某种生存状态及其思考。

有鉴于此，若将当下某些仅仅关涉某些生态元素的文字定义为生态文学，是不是过于狭隘了。杰克·伦敦的小说《热爱生命》中比尔与被追踪的各种生

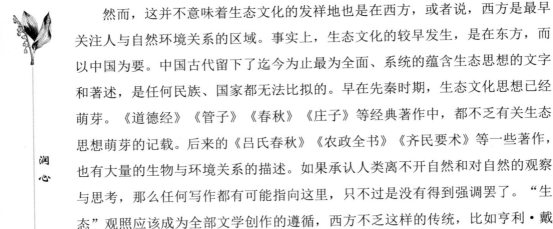

润心

物都有对生存的极度渴求，于是都在奔跑中，在觅食、逃亡中，或者以极大的耐性寻求危难中生命的解脱。在强大的人类面前，动物的这些努力似乎都是徒劳的，但它们并不放弃挣扎，都会拼尽生命中最后一口气而试图"拯救"生命。至于格雷塔·加德的《根：家园真相》意在"根"，而此"根"并非单指树木之根，亦非我们常言的那种文化之根，加德所说的"根"，既表征家、土地、荒野，更是其赖以寄身的"根"。加德此书开篇即为"寻家"，事实上，当人类越来越将大自然作为满足欲望的工具时，"家"的意念会越来越淡漠。我们观照生态也好，构建大地伦理也好，乃至于叙事文学征象也好，都指向重新规制富含原生态特质的家园意识，拓展个体生命之家而为地球栖居之家。这既是时代需求，精神祈望，也是生态文学的应有之义。

　　"系统性"悄然而至。真正的生态文学必须始终保持对原生态或"系统性"的关注。我们高兴地看到，《天候》具有了这样的品格。在《天候》中，这种努力是显而易见的。《天候》中看不到任何功利的目的，有的却是历史、人文、文化与传承、人地关系，即原生态的系统性。这自然会使人联想起 20 世纪 90 年代韩少功的长篇小说《马桥词典》，以及塞尔维亚小说家米洛拉德·帕维奇（Milorad Pavić）的小说《哈扎尔词典》，两部小说都以相互衔接的词汇符号构成了各自的生态系统。周生祥的"原生态"，自然涵盖了与此生态环境密切相关的传统文化，在《天候》中，作者毫不讳言对人文传统的喜爱，而这本身就是一种足可称道的生态观。因为涉及生态系统，它一定是囊括自然、文化、社会的整体。整部小说 55 万字，是二十四节气叙事。第 31 回专门讲了二十四节气的渊源。按照秋冬春夏顺序展开。之所以从秋而不是春开始，总的感觉：从阴阳的角度进行分析，我们可以看到一年在二十四节气中实际上是以冬至和夏至这两个阴阳极点为核心展开的一个循环往复的过程。这一过程可以分成乾坤由冬至而夏至和由夏至而冬至两个循环的系列。这两个序列一个是阴气由弱而强、阳气由强而弱的序列，另一个是阳气由弱而强、阴气由强而弱的序列。阴气由弱而强：冬至、小寒、大寒、立春、雨水、惊蛰、春分、清明、谷雨、立夏、小满、芒种。阳气由强而弱：夏至、小暑、大暑、立秋、处暑、白露、

润心

秋分、寒露、霜降、立冬、小雪、大雪。如此排列，读者就可以清楚地看到，阴阳观念如何清楚地存在于二十四节气中，以及其背后所反映的农耕文明，蕴含着古代中国人民与自然的关系。不能不说，这是周生祥的一个"创举"。

至于历史，作为文化的呈现，首先是中国历史文化。除了前面提到的二十四节气之外，还有儒释道等传统文化。并借香樟王之口，认为"中华最优秀的传统文化必将永放光芒，引领世界"（63回）。由此自然引申到当下的中美之争，非常有趣。其次是从杭州历史到浙江历史。第52回，讲到五个浙江。第23回写到苏东坡对杭州建设的贡献。第12回讲到吴越国王钱镠事迹。第19回写了杭州土特产。第27回写到钱江源和钱江源的国家森林公园第。38回写海宁钱塘潮。第157回写到临安青山湖。第40回写灵隐寺。第44回以东阳市为例讲浙江待客之道等民俗。第45回接着讲婚俗。第53回讲到浙江的人文建树。第72回讲到良渚古城。第74回开始讲到古书院、古村落、耕读传家传统。第75回讲到对水稻培植的贡献。第86回讲到张小泉。第87回讲到扇子。第88回重点讲了杭州丝绸。第89回讲了青田石雕。第56回讲浙江的自然遗产，包括十大名山，八大水系。书中涉及浙江人文风貌和非遗等方方面面。

第10回，人间的庞先生向天宫有关部门举报白露，其中一条是无视《野生动物保护法》，猎杀珍稀动物，一条是破坏生态平衡。有趣的是三明的出场。全书188回，提到三明是65回，差不多是三分之一篇幅的时候，香樟王对立冬说："有个叫三明的人，能跨界和我们植物界进行交流。"然后第66回、第67回、第68回、第69回都有提及。三明再次出场是第157回。第163回，关于为什么不能消灭蝙蝠，三明还以新冠病毒为例作了一次生态系统知识的科普。整部小说的高光，是第164回"游埃及三明写感想，叹人类年幼不成熟"，这一回通过狼、羊、草的关系，对生态系统和人类命运共同体作了系统诠释。"三明"自然是作者的化身，其入场设计旨在让作者更方便直接地参与生态叙事，无疑是全书生态意蕴的统领者，这一尝试从《天候》的文本来看，是非常成功的。

尤为可喜的是，《天候》这部作品中的生态隐喻。以第174回为例，作者

润心

为读者讲述了一个不无凄婉的故事：

出嫁的第三天，巧姐儿应该由女婿陪伴着回门去。姑娘到了一个新的家庭环境里情况如何，是娘家关心的事。婆家对媳妇满意不满意，也有个表示，这就形成了回门这个风俗。不料，赵家对于儿媳妇回门还有新的要求。巧姐儿上轿的时候，礼节性地问公公："爹爹，对媳妇有何吩咐？"

公公说："赶太阳下山，做十双袜子带回来。"

巧姐儿问婆婆："母亲，对媳妇有何吩咐？"

婆婆说："赶太阳下山，做十双鞋子带回来。"

巧姐儿又问丈夫："夫君有什么吩咐吗？"

丈夫回答："赶太阳下山，绣十个烟荷包带回来。"

当然，因为出现了一个白发苍苍的老奶奶，巧姐最终完成了全部针线活儿。然而最终，当着婆家所有人的面，"美丽又心灵手巧的巧姐儿，却义无反顾地向彩霞飞去，渐渐地融合在霞光中了"。这一天恰好就是"夏至"。夏至而美人忘归，折射出人间几多唏嘘。这个故事令人联想到美国影片《毕业生》中的一支著名的插曲：《斯卡布罗集市》。《斯卡布罗集市》所涉及的爱恋诉求虽然美好，但其实都是不可能实现的。这里的巧姐的"回门"故事与《斯卡布罗集市》可谓殊途同归，二者有异曲同工之妙。但若放在《天候》这部55万言的故事体系中来观察，或许意味着更多。比如，这部小说中的原生态观照是否会如愿以偿？如果我们对大自然的"赋能"太多，超出其载荷，人们梦寐以求的生态文明能否如期实现？……或许依然是一个又一个未知数，但愿不是"夕阳无限好，只是近黄昏"。周生祥以其对"原生态"理想的执着追寻，成功打造了其植物小说的主旋律，也因此使得作者的其他相关作品也始终保持着、坚守着一种韧性或张力的状态，不啻令人耳目一新。

润心

作者简介：

任重，笔名诸山，中国作家协会会员，历史学博士，浙江农林大学教授。

生态入怀，亲之痛之

——浅析周生祥、周喆鸣生态文学的艺术特色

文/韩 锋　韩 冰

　　有一个人，几十年在他的生态园地里耕作，看着繁花，听着轻风，触摸着甸匐的藤蔓、小草抑或高扬的乔木，采桑摘果；面山峦起伏，清泉淌流，风雨旱晴；望转斗星移，秋往春来，耳濡目染，如蜜蜂般在他的世界里忙碌。

　　走着走着，突然间，惊蛰一声，他被周遭拨动了心弦，面前的万物殷殷向他走来，或笑吟吟，或轻蹙眉头，或喜乐，或忧伤……围着他，向他倾诉。他听懂了盘古开天地后，阅历万千年的万物的语言，这其中有世界的美好，也有幽幽地说着他们的哽咽，面对今之人间的奢侈，万物只希望人们能惜缘惜福，珍惜呵护人与他们共同的家园……因这些精灵一样的万物，让这个人顿悟，让他顿感自己身负的责任。

　　于是，他抱起心中的琵琶，弹起了心弦，开始吟咏和歌唱，为万物代言。从此，他的内心不再宁静，他在日常的事务中，更增加了一层繁忙。他在万千自然无垠的天地里早出晚归，他以他的奔放，腾云驾雾，为大千世界画像写意。忙不过来，他还拉上了弃医从文、一样仰望星空的儿子，一起在生态文学的田野里边走边唱，旋律飞扬，与万物共喜悦，共忧伤……这个人便是林业专家、生态文学作家周生祥。

　　在采访、了解了周生祥的学习、工作和他在林业调查领域取得的成果以及他正在生态文学界如痴如醉创作的经历，阅读了他们父子创作的系列作品后，

润心

我的脑海里便有了上述自说自话的无际想象。

　　周生祥是踏着风火轮冲进文学界的。近年来，他在生态文学界纵横驰骋，日益突显在人们的眼前。在三年多的时间里，周生祥先后出版了 200 多万字的文学作品，同时又几乎以每天一篇的速度在自媒体、公众号上发表着他的生态文学作品。

　　国庆长假，我们静心读完了周生祥、周喆鸣父子共著，由江西高校出版社出版的长篇小说《天候》，粗读了他们的《跨界》《润物》等作品。作家笔下万物狂欢，一棵小草，一株小树，一个节气，一片云彩，冷暖晴雨……天上地下，四季周而复始，万物都是他文学世界里富有个性的主人。作品情节跌宕，奇巧突现，让我们心中很生诧异，作家是何以在忙碌的工作中，又在如此短的时间内完成如此卷帙浩繁的作品的？而在此前，人们只知道林业专业领域里有一个周生祥，在专业期刊里常能见到他的研究成果。自 20 世纪 80 年代以来，他已发表了四十多篇研究成果的论文，获得二十多项科技成果奖。

　　《天候》是作家以中华民族传世文化里的二十四节气为题材创作的生态小说。小说从秋开始起章，将秋、冬、春、夏分别组成各自的单元，又统合成篇，其中《天候·秋》还单独出书。在《天候》里，我们强烈地感觉到作家在用三条线索编织着这部小说，生态、风情和现实的沉思萦绕其间。一是作家心中强烈的生态理念。二是对江南历史风情的深深挽恋。三是现实世态进行时的沉思和艺术含蕴呈现。这样的构架，展示着作家心中复杂的思维意象，让他们的作品有了广阔的、多维的立体构架。现以《天候》为例试作分析。

一、万千生态入怀来

　　周生祥、周喆鸣的作品体现着作家以生态理念为基线的远行。

　　在《天候》这部小说里，作家以章回小说体裁的复古形式，以二〇一七年七月上旬的一天为开场，接续"上下数千年，纵横几万里"有文字的中华人文历史。这一天，"酷暑"登场，尽其恶魔的人格形象在杭州城上空施威作恶，搞得地下的百姓六神无主，跑的跑，躲的躲。这景象让玉帝动了恻隐之心，便派仙女——台风"纳莎"赶走酷暑，以解救黎民百姓。

润心

纳莎得令，挥动大旗，带领大军直往福建沿海一带扑去……指派先锋乌云打头阵……先行赶到浙江境内。

这乌云十分了得，一到浙江就和酷暑大战三百回合，直打得酷暑如落花流水，慌忙退去……

乌云进驻后，雷公电母赶来助阵，雨水随后也跟着来了。久旱逢甘霖，杭城百姓终于从酷暑中解放出来了……

作家以二十四节气里的每一个节气为单体设立人物，为其赋予鲜明的人物个性，让他们一个个登台亮相，在九万里天空竞自由，生态万物在这里化为一个个触之可及，有声有色，有脾气的人物形象，最后传递为向善心愿，令人难以忘怀。

生态为何物？按照通常的定义，生态是指一切生物的生存状态，以及它们之间、它们与环境之间环环相扣的关系。这样的定义应该基本是对的，但我们一直对这一定义感到还有不完整之处，还值得补充更精准的内容去完善定义，从而指导人们为构建人与自然更加和谐的环境而生发动能。按照现有的定义，生态的主体是生物，而自然环境只是作为主体的宾格而存在，而在我们的理念中所需要补充的，也是不可或缺的，则是大自然环境，如气候演变、自然冷暖、旱湿气象、环境清浊……这一切也应该是生态概念里的主体而非现定义下的客体。我们的这些理念也还只能在我们自己的心海里游弋，令人欣喜的是，这样的理念在《天候》里找到了回声。

与大自然私语，《天候》中有生命的小草、灌木、乔木可以赋予名字，无生命的气候、天象也可以与生物一样赋予人的名字和性格，让他们带着自己的个性栩栩如生地出现在读者的眼前，让人为他们的命运变迁而动容。这样创作出的人物，已经为生态的理念作了文学的延伸。作家不但从科学角度在拓展着定义的外延，也从人文的角度丰富着生态的内涵，很让我们感到自己的生态理念不再形单影只。创作基于生活，又超越着生活，这样丰富的大自然艺术群像的塑造，没有长年累月深入大自然怀抱，感知万物冷暖的作家是无法找到这样的表达的。这样的生态理念人物化的生物体和无生命的天候、气象艺术形象自始至终贯穿在作家的创作中，体现着作家鲜明的创作个性。

读着腾云驾雾、酣畅淋漓的描述，我们深感作家有着良好的古典文学功底，这样的功底为他塑造《天候》里天马行空的人物和故事的演绎提供了厚实的创作基座。作家深谙小说中的布局行文之道，又站在现实土地上呈现时代特色。文中的开头，便是各种天象的人物形象性格分明，出场干净利落，在典型环境里营造出环环相扣的紧张气氛，让人置身于这样的环境跟着作家的节奏一鼓作气急行军，有一种透不过气来的急迫，然后，随着鼓点的突然静息而深舒一口气，大有快活林武松醉打蒋门神的那种淋漓之感。

这些在岁月中锤炼而成的古典文学宝库为今天的创作提供了丰富的养料。无论在民族文化中的理念、价值观，还是创作要素中的各类技巧，在几千年历史长河里洗练得更加唯美。窃以为，文人心中一定藏着美和善，因而，每当我们与人遇，只要是真正的为文者，我们总为其投之以信任，总愿与之交，与其敬。不管对方是否矜持，是否高傲，都不妨碍我们对整个文人群体本质的基本认知。这一切都基于我们对发自先秦，几千年中华文化传承带来的基本价值观。

正像《三字经》所述的"人之初，性本善"的中式人性之先天的基本定位。有了这样的定位，后天的人唯可做的就是如何修炼提高人的"心性"修养，也即在"恻隐，羞恶，辞让，是非"四端之心下去实现"修齐治平"。这不光是君王之道，也是书生的责任，在这样的中华文化基本价值传递下的人，总会自然不自然地依偱着这样的轨迹去做人处事。从修心的源头来讲，古典文学总是给人以这样的价值浸润，无论《三国》《水浒传》的计谋与打打杀杀，还是《西游记》的荒诞不经和《红楼梦》的才子佳人，往深处想，这些著作都没有游离传统文化中的基本的价值观。同时，在创作的技巧上，古典文学为我们积累了极妙的创作技巧，不少古典小说基于"话本"的民间"说话"艺术，在成文和传承中，不断淬炼，有了很好的情境营造和人物性格塑造的规律。在《天候》和作家的其他作品里，我们深深地体会到周生祥、周喆鸣在民族传统的价值理念和在谙熟古典文学叙事规律基础上创作所带来的满目新意。

润心

二、历史风情录章回

读着小说，给人的第二个感觉是作家对江南历史风情的钟情。随着时代的变迁，浓郁的历史风情正在远去，让人扼腕。在《天候》第四十五回《霜元帅求教香樟王，香樟王讲授待客经》里，作家笔下的"香樟王"向履新的"霜降元帅"介绍浙江东阳市"望侬"的民间婚姻习俗，着实让我们忍俊不禁。

缔结姻缘，先由媒人通言，再确定吉日，媒人陪同男方上女方家中做客，称为望侬。男方带"斤头"，如桂圆、红枣之类，多要成双。女方招待男方，点心烧索粉，鸡蛋一对藏于碗底。女方喜欢男方，让吃清煮蛋，意为团圆。男方若对姑娘中意，吃两个，意为成双；有些意思，但不确定，则吃一个；若不中意，则一个不吃。女方若不喜欢，让吃荷包蛋；男方吃与不吃，随便。

小说创作没有固定的模式这好像是共识，但似乎小说创作又普遍在遵循着它一定的叙事程式。这些程式还是让小说在一定的范畴里运动，大幅度腾越开创式创作显得很是可贵。开创是社会发展中最需要和稀缺的动力元素，开创在文学里应该称之为真正的"创作"，而在社会更多方面的表达应该是"创新"。在《天候》里，无论是题材确定、人物设置和故事演绎，我们感到周生祥、周喆鸣的创作体现着天不怕，地不怕，自成一体的冲动。在他们的生态题材作品里，作家特立独行地呈现着作品的个性，这其中对大块民俗风情的记述是其一大特色。

人类社会从原始社会起步，农耕文明是中华文化中的重要组成部分，千百年来遵循着在这一模式下演变的路子，积淀了丰富的人文民俗风情。然而，今天人类社会移步高速发展的信息社会，那种相对稳定的社会形态下的民俗风情如雪融般在消遁，让亲历者特别感到惋惜，深有当年夫子于泗水边那"逝者如斯夫，不舍昼夜"的感叹。

在《天候》中，作家把他所经历过的美好的童年，那充满浓浓人情味的岁月，在惋惜中深深地把它们烙印在这部作品里，用准确的语言详尽地固定在作品里而让其成为历史的篇章，让人感到特别珍贵。在我们看来，历史只能由经历过的人，去记录最打动他们心田的内容才是真实的记录，一切由后代人书写

润心

的历史，再真切的也是变形的历史，总会让人存疑。在学习、研究宋韵文化中，我们十分看重作为当事人的孟元老（北宋与南宋交界年代在世，详细生卒年代待考）于宋钦宗靖康二年追述崇宁到宣和（公元 1102 年—1125 年）年间北宋都城东京开封府城市风情的笔记体散文《东京梦华录》和近于南宋晚期，宋度宗咸淳年间钱塘人吴自牧所著的记录南宋都城临安城市风貌的著作《梦粱录》其珍贵的历史价值。我们一样十分重视周生祥、周喆鸣小说中记录的民俗风情的历史意义。这部小说中带来了可贵的传世的历史价值，为作家在记述历史中所担的责任面深感欣慰。

三、深刻的现实关切

生于忧患，这是孟夫子给我们的古训。

在《天候》里，作家对现实世态的进行时做着深刻的思考和艺术含蕴呈现，表达他们对当今和未来社会发展的关切和忧思。在第三十二回《为民生寒露访教授，解困难袁老创奇迹》里，作家把现实问题放在了读者眼前，思考着十三亿多人的吃饭问题，让元帅"寒露"去向农林大学的王教授讨教。

王教授告诉寒露，民以食为天，粮食问题是一个根本问题，要保证一定的粮食产量，就必须要有相应的耕地面积作支撑。为此，国家制定了严格的耕地保护政策，划定了十八亿亩耕地红线，规定建设项目使用耕地必须占补平衡。

寒露插嘴问道："我看现在全国各地都在搞建设，必然要大量使用掉耕地，那耕地从哪里去补呢？"

民以食为天，面对大量肥沃的耕地被种上钢筋森林，又空荡荡地在向日迎风的现状，你心痛过吗？相信这是很多人的痛，然而，这样的痛并不能止住这样的风气。对那些指着一块地，便贪婪着说要开发，这种不知天高地厚、不知敬畏的大佬，还有那些整天思虑着如何卖地得利的人，人们只能内心叹息。忧思中的文人又能做什么呢？能做的只能是像前辈罗大经那样，作"但存方寸地，留与子孙耕"的《鹤林玉露》的喃喃呢语来开悟世人，像周生祥那样用万物的声音来劝谕社会惜缘惜福，多为子孙做些考虑。

周生祥几十年与林业植物不离不弃，对现实社会、生态文明有着特别深刻

润心

的体会和关注。他从专业角度直接感受着生态变迁，在这种变迁里长期浸淫所带来的情感如一粒酵母，投进了他思想的大海，让他从严谨而单纯的学界科学认知，渐渐深入演化到人与自然的强烈的人文关怀，并为此而行动。于是，他以丰厚的学术积累和深切的人文关怀的共融，作为切入点渗入了他的生态文学创作，形成了他以大自然的音容笑貌、酸甜苦辣的代言为底色，对江南民俗文化的传承和挖掘，以及对现实和未来的思考和忧虑结合在《天候》和其系列生态文学的创作中，去实现一名学者、文人自先秦而来无须天授，而自有责任的风骨与担当。一个烙印着中国传统文化、价值观的文人的骨子里一定有着对身边、对环境的深深的情感。这种情感会将他们对外部世界的责任和忧思的总和，化为他们身上灵与肉的一部分，所以文人会有对生态环境冷暖的敏锐感知，会有她们遭受磨难的切肤之痛。

　　写到这里，也该结束了。我们深感作家像米丘林一样，以自己长期深耕林业，与百花为伴，与百草为邻的经历，用最平实的语言写出花草典型的性格，栩栩如生，赋予时代的春妆秋色，去感染人。我们深深感到在这个不断用钢筋森林代替肉体森林（请允许我们使用肉体来表达对森林百花的情感，她们也是会痛的，有喜悦和悲伤，她们也会流泪流血）的时代，这些生命更需要我们倍加珍惜地去爱，去呵护，去倾听她们的声音。周生祥和其子如牛勤耕，在忙碌的工作中做着他了不起的事业，意义深远。生态文明需要我们更多的关注，一草一木都那么可爱，未来需要我们去关爱，尽管我们微不足道。

　　作者简介：

　　韩　锋，原《文化娱乐》杂志主编；央视理论文献片《情暖三峡》责任编辑；央视科教节目制作中心《复活的情韵——唐代诗词故事》108部系列微电影编剧、剧本编审。

　　韩　冰，社会学硕士（研究方向：环境教育、成人教育）。

润心

润物无声 泽川不言

文/王小青

　　有幸参加了在杭州新侨饭店"有意思书房"举办的"周生祥生态文学作品研讨会"。会议邀请了省市作协专家、生态专家、教学专家、文学评论家等。大家对《润物》《天候》《跨界》等系列生态文学作品进行了把脉和点评。浙江文学院院长程士庆，中国一级作家、中国文艺评论家王学海，纽约商务出版社社长、著名作家冰凌及文学界的知名人士对周生祥老师的作品均给予了充分的肯定。分享他的文章，感受到了文字的魅力与曼妙。

　　周生祥老师祖籍浙江诸暨，生于 1960 年 7 月。现为浙江省作家协会会员、曾就职于浙江省林业厅，发表专业论文 40 余篇，获得各类科技奖 20 余次。其间他曾停薪留职，跨界下海创业，办厂经商，均取得了较好的经济效益。

　　2017 年开始文学创作，并自创故事、诗歌、童话"三位一体"式创作方法，笔下的一花一树都有至理。至今发表小说、散文、诗歌作品一百多万字。2019年，被美国纽约商务出版社聘为签约作家。

　　周生祥老师用闲暇的时光，专注自己喜欢的文学创作，用自己所学的专业知识，为中国植物文化研究领域注入了新的生机与活力。他用植物的视角描绘浙江的山山水水，同时作为一名专业知识丰富的林业高级工程师，他的作品涵盖了非常多的植物学知识，具有一定的科普性。他用植物拟人化写作算得上是当今文坛第一人。表达富有创意，这是一种文学形式的突破。

　　他不仅写植物散文，还写了一系列植物小说，至今已出版了五本书。在创作植物系列作品这条路上，短短几年，跨界写出这么多涉及众多学科的专著，

润心

185

可以说达到了井喷的态势。在周老师的笔下，静止的植物世界变得充满人性，它们会说话，会唱歌，有文化、有思想。那些小区里的雪松、沙朴、乌桕、桂花、紫薇，可以做奥数、对对联、猜谜语，还会经常开会，参政议政，俨然一副人类世界的生存状态。

在他笔下，植物和人类可以一起赛诗歌、侃趣闻、拼成语，将植物、风景、人文、历史、风俗、诗歌知识糅合在一起，运用了拟人、对比、排比、对仗、对偶、比喻等多种修辞手法。他集小说、散文、诗歌、随笔、童话等多种体裁于一体"文无定法"的杂糅式写作手法，常带给人意料之外的阅读体验。

周生祥老师的作品或许将来可以打造成一个生态文学品牌，他长期与植物打交道，对植物文化、生态文化感悟甚深，各种植物在他的笔下极具思想与个性，作为读者的我们，在了解植物习性的同时，也学到了很多人文知识，有趣又有料。

周老师在小说和散文创作方面形成了他自己的风格，他的散文形散而神不散，虽然每篇主题各异，但始终围绕着生态平衡这个主题。散文语言活泼、行文自由的格式，给了他更大的创作空间，他通过文学、数学、科学、历史等各个领域的知识、趣事，凸显了绿色生态的主题。作品歌颂了祖国的美好河山与改革开放的伟大成就。

生态文学创作是符合政策导向的，周生祥老师在《润物》中介绍了龙井村、杨梅岭等杭州景点，这些地方虽然不如西湖蜚声海外，但也有着丰富的文化氛围，对其进行深度挖掘，吸引读者前去一探究竟，可实现文化与旅游的融合。其短文通过公众号、微信等平台，适合碎片化阅读。

在我们文友眼里，周老师是一位心地善良、待人以诚，随和而谦逊的人，他睿智而富有主见。无论在学校，单位还是自己创业，他善于变通、冷静的气质中，处处透露着足智多谋。在他身上可以看到积极和豁达。

周老师退休前一心扑在工作上，他常开玩笑和我们说，他工作时间是一般人的三倍，工作效率也是一般人的三倍，我们对他的说法也很认同。年轻时，他为工作为事业努力拼搏，退休后他开始为自己的写作梦想倾尽全力。我们佩服他旺盛的写作热情和超人的精力。短短几年写出这么多涉及众多学科的知识内容，可谓神来之笔。

阅读他的作品，字里行间感觉有一股清纯的气息在笔端泼洒。我觉得，最好的生命就应该这样，不惊不扰完成自己的使命，在安静中找到自己人生的坐标。周老师的性格里藏着自律，实力里藏着努力。人生不会因高调而绚烂，却会因内敛而丰满。

周生祥老师的生态文学作品研讨会让我们在细碎的光阴里多了几分风雅之趣。人与自然的和谐共处，如今已是时代命题，为人们提供具有更长远、更辽阔的精神滋养。这对进一步提高文学创作水平，促进杭州市作家文学交流具有一定的影响力。

林业人的脚步遍布祖国大江南北，登高望远，他们更具开放性的视野与开阔的胸襟。保护生态，加强人与植物之间的和谐共处是周老师的主题。他的作品为当下生态文学的创作研究提供了新的视角，为未来动漫卡通的设计制作奠定了良好的基础，对青少年的植物科普教育具有重要的阅读价值和现实意义。

周老师为文学创作的多样化走出了一条新路子，在他灵魂的音符里总有植物在轻柔地歌唱。坚信被人称为"老生态"的他，在继续开创一番新天地的同时，生态文学之路会走得更好更远。

作者简介：

王小青，出生于教育世家。杭州市文史研究馆馆员、浙江省作家协会会员、温州市外语协会会员、致公党党员。出版诗集《梳读心园》《年华独舞》。诗歌、散文、歌曲、诗评、报道入选《人民日报》《凤凰网》《澎湃新闻》《新浪新闻》《世界头条》《杭州之声》《荔枝》《华语之声》等报刊及有声平台，作品多次获奖。在人民文学《星河》诗丛刊以诗记"疫"开辟个人专辑。有组诗九首入选"学习强国"。

润心

懂你不同

文 / 朱林春

文学即人学，文学是美学。文如其人，与周生祥老师交往的点点滴滴，读周老师的书籍和文章，今天也想为周老师"画像"。

"天道酬勤"，用在周老师身上，恰如其分。

一个人，能跨界做到，自如驰骋于公务、商海、文学和数学等各个领域，集林业专家、企业家、作家、（有可能成为）数学家于一身，真的难能可贵。原本以为这是教科书上神一般的存在，偏偏周老师是我们身边最实在的一个普通人。是他，让我们明白，普通人也可以成为不普通的一个人。

和周老师相识，是在去年某日乡贤的聚会上，周老师就落座在我的左侧位子上，还顺便给了我一本书。我一看封面，两位帅气又精气神十足的男士造型特别醒目，书面为《跨界》，立马引起我最高度的重视和好奇，打开书本便翻阅起来，稍许，就给周老师建议，这类题材的书籍，进入校园推广，那是最好的科普读物，父子俩是未来教育培养最好的复合创新型人才范式和样本。

什么是"自由"，什么是大家都热衷于终其一生追求的"财富自由"？我想周老师给出了最好的答案。而自由，不是天上掉下来的，也不是地上蹦出来的，那是用一辈子的心血浇灌出来的。让我们一起来探究周老师"自由"之谜。

勤能补拙。周老师其实不拙，但周老师勤奋，超乎寻常的勤奋，显得其真的拙到家了。几十年如一日，每天的晨读、一日满负荷的工作，晚上和周末的写作。一日之计、一年之计，在他这儿，都是现实版的教科书，但凡日常想找他，在固定的时段里，他就会非常精准地的出现。作息的规律，勤劳的本性，当是他实现自由的秘诀之一。

顺势而为。周老师为人十分平和，看似儒雅有余，"驰骋风云"好像与他无关，但他却是实实在在时代的弄潮儿。"停薪留职"步入商海、再回单位从事专业技术工作、提前退休投身企业创办，职业生涯里，都是与时代的召唤、国家所需休戚相关的。顺势而为，融会贯通，在最佳的时机里，在最好的土壤里，去积极探索社会进步的元素、人类文明的基因。这又是自由的缘由所在。

携手共进。纵观周老师走过的每一段历程，他都是和遇见的人，一起携手走过。在这些故事里，周老师都是和一群为梦想而努力的人在一起，他在成就自己的同时，也成就了大家。即使是今天的研讨会，起源是去年我到他办公室聊天，说到有个书吧因为疫情可能面临关闭，我们是否也可以搞个活动说不定也可以助其一臂之力。从"研讨会"的主题，到主办方、参与人员、地点等的确立，一路走来，犹如"十月怀胎"，周老师都考虑得十分周全，筹备认真负责。最为关键的是，周老师始终对每一位领导敬重有加，对参与者充满尊重，对每一个细节一丝不苟，这让我们深深感知着我们这个团队的力量，更加明白了齐心协力的内涵和意义。周老师用切实的行动为我们诠释着"自由"里面一群人走得远的意蕴。

爱和责任。周老师的出生非常平凡，并没有多少优于常人的地方，但他用自己的努力，走出了不一样的人生，为社会作出了一定的贡献。这一路走来，并非都是一帆风顺，其间也是困难不少，但周老师都是坚持住，一个难关一个难关地攻克，一个台阶一个台阶地上。这和他的担当精神密不可分。

什么是创造？用自己深耕的领域，用自己身边的人和事，始终以好奇的心、饱满的热情、独特的思维，去尝试、去表达。可以是一个领域一个领域地走，一个高度一个高度地上，直至融会贯通，达到无形境界。周老师给了我们最好的模板。

什么是幸福？幸福在哪里？周老师同样给我们明晰了方向和路径，更让我们体验着哈佛著名的"幸福课程"享受过程幸福的重要性。

润心

什么是生态？什么叫和谐？怎样为和而不同？植物界的千姿百态，动物界的形形色色，人和自然的和谐共处，人和人的和平发展，生命多样性的客观存在，这些课题，周老师用他的笔，用他的足迹，给了我们许许多多的点拨和解答。

奥运会上谷爱凌再次让我们明白专注的力量，最近《隐入尘烟》的爆火，导演李睿珺坚持的力量、人性的美、素材的地道，都应该是引爆点吧。无论是国际的融合，还是本土的传承，都让我们看到了相信的力量、自律的成果。而我们身边的周老师，以行动让我们都更有温度地触摸到了这种种力量。

大道至简，一辈子，一件事，多元化。 "一分耕耘，一分收获"，勤劳而勇敢，大气又智慧，始终以"林业"为基点，深耕不已，又在触类旁通中，跨界探索，让周老师赢得了兼容自由的人生，为社会给出了人才培养的好版本。

未来的教育，需要的是没有围墙的教育。未来的教育，需要的是具备必备品格和解决社会实际问题关键能力的核心人才。教育是一项系统工程，需要社会各界的勠力同行，"立德树人"的教育梦想应该是全人类一起努力的目标，这样人类文明才是可持续发展的。新高考探索的就是"内驱力+选择性=可能性"核心素养人才培养实施路径之一。芬兰教育开始不分学科的探索，让我们看到文理融通已经是未来已来的现实。周老师的跨界融为一体的追求，对儿子的培养、学习型一家人的和美，这一切，为内卷而焦虑的教育带来了一股清流和导向，相信无数人都从中能得到许多的启发，原来生命可以这样静静而努力地绽放。

周老师的读书会应该是系列化的，第一次在他居住的小区"东方润园"会所举办"分享会"，今天在西湖边的"有意思书房"里举行"研讨会"，相信不久的将来，会在更广袤的时空里，有更多人参与生态文学传播，有许多人尝试创作，更有孩子们的潜心探索，应该是一个非常好的"展示会"，这样的系列和传承直至绵延不绝，让美真正落地和扎根。

"水光潋滟晴方好，山色空蒙雨亦奇。欲把西湖比西子，淡妆浓抹总相宜。"苏轼当年的诗句为我们今天的研讨会作了绝佳的注脚和场景描摹。恰好今天《洞

润心

见》公众号有篇专门写苏轼的《你遇见的人，都是来渡你的》，也是我们研讨会的好写照和好象征。

在全球面临各种错综复杂的考验当下，许多人选择"躺平"，但依然有许多人没有停止脚步，甚至在更好地奔跑，上下求索，深深明白"危中有机""凤凰涅槃"的意义和价值。懂得和时代的合拍，懂得和世界的相处，懂得和不同人们的共存，我想我今天发言的主题就是"懂你"，今天在这个别样的，也是文理融通的有意思书房里，来自各界思想激荡碰撞的研讨会就是一个非常好的"懂你生命绽放不同精彩"的最佳案例，让我们一起共勉。

祝福各位未来更加美好！

（在《周生祥生态文学作品研讨会》上的讲话稿）

作者简介：

朱林春，历任中等职业教育和中学校长多年，现任杭州市拱墅区教育局专职督学。

润心

植物的世界奇妙无穷

——论周生祥植物系列散文及其他

文 / 林捷

晚上翻朋友圈，看到周生祥老师在圈里发的一首诗：

一年二上四明山，

三面云海四边雾。

五颜六色遮不住，

七转八弯何所惧？

九里青松十里枫，

百丘千岗皆网红。

万亿花草来打卡，

遍地精灵升紫烟。

真是文采飞扬，玩转文字游戏。我又把周生祥老师公众号发表的作品认真阅读了一下，真是感觉文风新鲜，让人脑洞大开。我看过很多植物学题材的书，不过这些大多是科普作品或者自然科学方面的，以植物为题材的小说和散文还真是没有怎么读过。在周生祥老师的笔下，平时在我们眼里总是静止不动的植物世界突然变得充满人性，它们会说话，会唱歌，有文化、有思想，那些小区里的雪松、沙朴、乌桕、桂花、紫薇可以做奥数、对对联、猜谜语，还会经常开会，参政议政，俨然一副人类世界的生态状态。

我在一个偶然的机会认识了周生祥老师，加了微信以后发现周生祥老师非

润心

常勤奋，每天早上起来更新他的公众号，更意外的是，周生祥老师也是诸暨人，一下子就拉近了我们之间的距离，后来又与周生祥老师有了几次见面的机会，发现周老师的工作也是非常忙，但是文学写作还是自己的最爱，因为白天工作忙没有时间，只好每天起个大早写作更文，然后再投入工作，实在是精神可嘉。

从周生祥老师作品的语言风格可以明显感觉到，周老师的文学功底很深，出口成诗。所以，植物和人类之间的交流成了一同赛诗歌、猜谜语、侃趣闻、拼成语，周老师将植物、风景、人文、历史、风俗、诗歌知识糅合在一起，而且运用了拟人、对比、排比、对仗、对偶、比喻等多种修辞手法，感觉这样的写法，都可以暴露作者的年龄。现在的新作者玩的都是快餐文化，什么抖音快手，但是对于有些问题的思考，在这样的快餐文化中是体现不出来的。

但周生祥老师笔下的植物世界不一样，他们有生命，会表达，会抱怨，例如说到要保护古树名木，就在树身上打上钉子，挂个牌，周边砌个石坎，铺上水泥，甚至筑道墙，弄得香樟王全身发痛，脚也伸不直，气也透不过。想想这样的行为在我们身边比比皆是，确实是没有去考虑过树的感受。例如植物评人中说，人类社会在评选最美树、最美花、最美草，植物们对于人类的这种评选活动颇有微词，因为植物界的树、花、草都是很美的，哪里分得出高低好坏？于是为了对付人类，植物们也对人类的行为进行了一番评头论足，评论现在的孩子课业负担重，评论公园里的植物不能按照自己的意愿自然生长。周生祥老师的笔是一枝能替植物说话的笔，他以植物的口吻，对人类不少自以为是的行为进行了抨击。

周生祥老师在浙江省林业调查规划设计院工作了三十多年，是一名高级工程师，其所从事的工作需要经常去各地出差，三十多年来，走遍了浙江的山山水水。周生祥老师的作品，用植物的视角描绘了浙江各地例如杭州萧山湘湖、临安青山湖、德清下渚湖、永嘉楠溪江、武义牛头山、天台华顶山等地的优美自然风光，讴歌了浙江各地的山山水水。同时作为一名专业知识丰富的林业高级工程师，周生祥老师的作品中又涵盖了非常多的植物学知识，具有一定的科普性。

润心

不仅写植物散文，从 2018 年开始，周生祥老师还创造了一系列植物小说，至今已接连出版了《跨界》《天候》系列四部曲等 5 部长篇小说。在创作植物系列作品这条路上，周生祥老师可以说是一发而不可收拾。他说"植物世界奇妙无穷，《跨界》《天候》仅是个开头，写作植物为主题的散文随笔也只是自己日常的一些兴趣爱好，寄望与大家一起努力，为生态系列文化产品作出贡献。"

我期待读到周生祥老师更多的作品，也对我的同乡所取得的成就表示祝贺。

作者简介：

林捷，资深植物爱好者，多年来致力于研究自然教育课程设计，自然游戏设计，出版植物文集《璜山那些花儿》，《中国植物故事丛书（华东卷）》主编，《认识诗经里的植物》主编，课程设计。《四季自然游戏》主编。

润心

我编辑《润物》的感悟

——在周生祥生态文学作品研讨会上的发言
文/ 沈明珠

　　各位领导、专家、文学爱好者，大家下午好。我们刚刚熬过一个连续多日40度的酷暑，于是这份秋天的凉意显得分外珍贵，在杭州市花桂花即将盛开的9月，《润物》的出版也满一年了。在这个信息瞬息万变的时代，一本书能在出版一年后仍停留在大家的视野里，首先依靠的，当然是作者周生祥老师不俗的创作能力和新颖的写作角度，而我们浙江工商大学出版社作为《润物》出版方，也由衷地感到自豪。在此，我谨代表浙江工商大学出版社对大家的到来表示热烈的欢迎，对大家给予《润物》的关注表达衷心的感谢，预祝本次研讨会圆满成功，也期待周老师不断创作出更多脍炙人口的作品！

　　接下来，我想就编辑《润物》时感悟，以及目前出版领域生态文学的情况与大家进行分享与交流，希望大家多多批评指正。

　　西湖作为杭州的名片，可以说是人尽皆知，而西湖的文化底蕴，与周边的植物是分不开的。今年5月，西湖边7棵柳树被搬走的事情引起了大家的热议，最后，在公众的高度关注下，西湖景区承诺将会进行补种。据说，原本计划要在柳树位置种的是月季，那为什么高架上的月季受人青睐，是杭城的美丽风景线；但把这一套移到西湖边却不行呢？或许我们可以从周老师的作品中窥见一二。周老师长期从事林业工作，在他看来，每种植物都有不同的特性，展现在书中就是有不同的性格。白居易的"最爱湖东行不足，绿杨阴里白沙堤"将西

润心

湖与杨柳紧密结合在一起，而我们现在看到杨柳，也将我们与千年前的古人联系在了一起。所以这一棵柳树是历史的见证，是文脉的传承。若西湖边的植物都变了，我们再去看古人的诗句，恐怕也失了颜色。因此多去了解植物的特性和文化内涵，才能让植物最大限度地发挥作用。

今天我们有意思书房举行研讨会，而周老师的作品也可以总结成"植物有意思"，或许将来可以以此作为丛书名，打造成一个生态文学品牌，让更多的人了解到有意思的植物世界。周老师长期与植物打交道，对植物文化、生态文化感悟甚深，各种植物在他的笔下有了想法和性格，还为着城市的美化兢兢业业工作，他们讨论对联、诗歌、奥数，生活丰富而向上，而作为读者的我们，在了解植物习性的同时，也学到了很多人文知识，可以说是有趣又有料。

生态文学是反映生态环境与人类社会发展的关系的文学，本书无疑属于这一类型，在轻松生动的对话中展现了人类对自然的责任这一主要价值取向。而与大部分其他生态文学作品从人类角度反思不同的是，周老师习惯从植物的角度出发，从植物眼中人们行为的改变，来突出生态思想在社会中的普及与发展。也通过植物的思考，来强调生态思想的迫切性与重要性。

浙江作为共同富裕示范区、"绿水青山就是金山银山"科学论断的发源地，在生态文明建设上也一直走在前列。在浙江省"十四五"重大建设项目安排中就专门有一大项是关于生态环保领域的，而在浙江省"十四五"重点图书、音像、电子、数字出版物出版规划中，明确将"生态文明"作为加快文化产业高质量发展、优化文化产业发展布局的一个方向。因此，生态文学创作是符合政策引导的，在项目申报时会有一定的优势。推进文化和旅游深度融合是浙江省"十四五"规划提出的目标，同时也是生态文学创作的一个方向。周老师在《润物》中就介绍了龙井村、杨梅岭等杭州景点，这些地方不如西湖名气大，但也有着丰富的文化底蕴，对其进行深度挖掘，吸引读者前去一探究竟，就实现了文化与旅游的融合。

周老师在小说和散文创作方面都很有见地，也形成了自己的风格，我因为责编了《润物》，因此对周老师的散文了解更多一些。全书形散而神不散，虽

润心

然每篇主题各异，但始终围绕着生态平衡这个主题。散文语言活泼、行文自由的形式，给了周老师更大的创作空间，他通过文学、数学、科学、历史等各个领域的知识、趣事，凸显了绿色生态的主题。而单篇文章较短的篇幅则适应了当下碎片化阅读的习惯，很适合通过公众号、微信阅读等数字阅读载体，随时随地进行翻阅。

《润物》富有开放视野、人文情怀，意在探究生态文学的真正理念，用文学的形态表达了关于生态危机警示以及对和谐生态环境的呼唤。在人与自然和谐的基础上，进一步探讨了植物之间的和谐，为当下生态文学的创作与研究提供了新的视角、方法和路径，具有重要的现实意义和阅读、审美价值。

以上是我的一些阅读感受，但我毕竟不是从事创作的，属于纸上谈兵，有些看法不专业，希望能继续与周老师合作出版，多了解这个有意思的植物世界，也期待从接下来各位专家的评论中学习到更多有关创作的新观点，谢谢大家！

作者简介：

沈明珠，浙江工商大学出版社人文事业部编辑，《润物》责任编辑。

润心